디지털 논리 회로

박민식 저

머리말

최근 디지털 회로기술의 급속한 발전은 컴퓨터, 멀티미디어 시스템, 이동통신 시스템 등 디지털 하드웨어를 필요로 하는 여러 응용 분야에서 광범위하게 이용되고 있다.

이러한 디지털 회로 기술은 아날로그 시스템에 비해 높은 정밀도와 잡음에 대해 우수한 특성을 보여 높은 신뢰도를 가진다. 따라서, 디지털 시스템은 반도체 소자의 개발과 속도가 빠르며 선응이 우수한 집적회로 소자를 생산하게 됨에 따라 기존에 아날로그 시스템에 의해 사용되었던 시스템을 대체하게 됨으로써 여러 분야에서 광범위하게 사용되고 있다.

이러한 디지털 시스템 기술의 중요한 분야가 컴퓨터의 하드웨어를 설계하고 시스템을 응용하는데 필요한 논리 회로에 대한 이론과 동작 원리를 익히는 디지털 논리 회로 설계이다.

이 책의 내용은 디지털 시스템 개요, 자료의 표현 및 코드, 디지털 논리게이트 및 Boole 대수, 논리 함수의 간소화, 플립플롭 및 순서 논리 회로, 순서 논리 회로 및 카운터의 설계 순으로 저술하였다.

끝으로 이 책이 출간될 수 있도록 도움을 주신 기한재 임직원 분들에게 감사를 드립니다.

저 자

차 례

C.H.A.P.T.E.R

01

디지털 시스템의 개요

1.1 디지털 신호와 아날로그 신호

오늘날 우리들이 사용하는 전자 기기들은 사용하는 신호의 형태에 따라 아날로그 시스템, 디지털 시스템으로 구분한다.

아날로그 시스템은 길이·전압·전류 등과 같은 연속적인 양을 나타내는 신호를 사용하고, 디지털 시스템은 물리적인 양을 숫자나 문자 등을 이용하여 불연속적으로 표현하는 신호를 사용한다. 디지털 신호와 아날로그 신호의 예를 그림 1.1에 보였다.

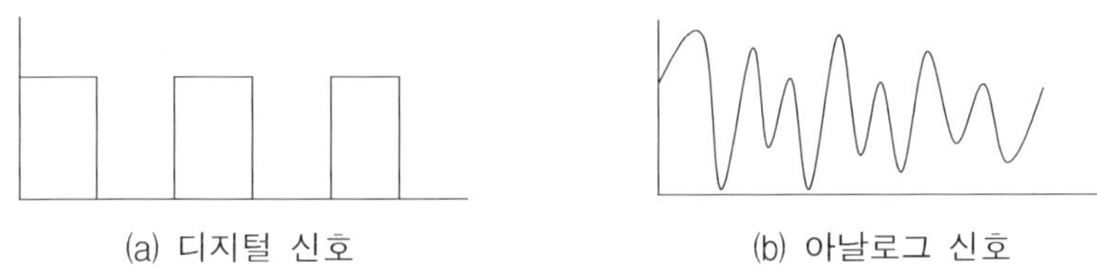

그림 1.1 디지털 신호와 아날로그 신호

아날로그 신호와 디지털 신호는 상호 변환이 가능하다. 아날로그 신호를 디지털 신호로 변환하는 장치를 A/D변환기라하고 그 반대 작업을 하는 장치를 D/A변환기라 한다.

이와 같은 신호 변환 작업을 해주는 대표적인 장치로 모뎀이 있다.

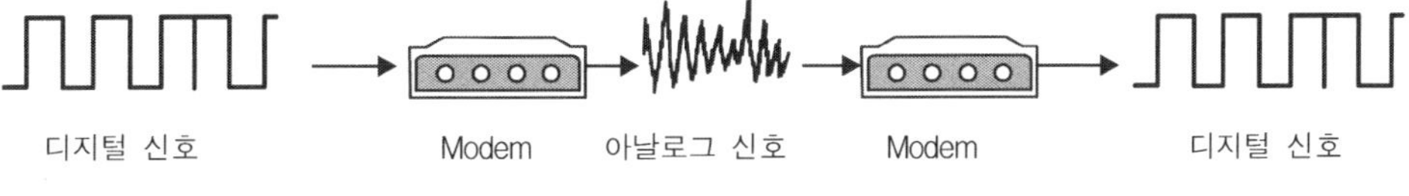

그림 1.2 디지털 신호와 아날로그 신호

초기의 디지털 컴퓨터는 이산형 신호{0, … 9}를 사용하는 10진법을 사용하였지만, 현재는 전자 부품의 물리적인 제약과 인간의 이진논리 때문에 디지털 시스템들은 2진법으로 제한되어 두 상태값{0, 1}을 갖는 비트(bit)의 조합으로 자료 및 제어 신호를 표현한다.

- 데이터의 내·외부적 표현 : 비트 그룹은 문자나 다른 제어 신호를 표현하거나 컴퓨터의 명령어 집합을 표현하기도 한다. 컴퓨터는 외부의 자료들을 내부적 표현으로 바꾼 다음 처리하여 기억시킨 후 이를 필요에 따라 다시 외부적 표현 방법으로 바꾸어 결과를 출력한다.

그림 1.3 데이터의 내외부 표현

오늘날 우리가 사용하는 거의 모든 IT 장비는 디지털 시스템으로 구성되어 활용되고 있다. 디지털 시스템은 다음과 같은 특징을 지니고 있다.

- 신호가 확실히 구별되는 불연속적 값을 사용하므로 정확하고 신뢰도가 높다.
- 주로 집적회로(IC : Integrated Circuit)로 구성되고 쉽고 경제적으로 만들 수 있으며 데이터 저장 비용이 매우 저렴하다.
- 아날로그 시스템에 비해 잡음에 강하고 신호의 손실이 거의 없다.
- 데이터의 표현이 0과 1의 조합 형태로 표현되므로 사람이 판독하기 어렵고 신호변환기 등의 장치가 추가적으로 있어야 하는 등 회로의 구성이 복잡하다.

1.2 컴퓨터의 종류

컴퓨터의 종류에는 여러 가지가 있다. 큰 것은 고속계산용 슈퍼컴퓨터

(Super Computer)나, 은행의 온라인 시스템과 같이 대규모의 데이터를 고속으로 처리하는 범용 대형 컴퓨터(Mainframe Computer) 등이 있다. 또한 VLSI (Very Large Scale Integration)기술을 이용한 고성능, 고품질의 전자부품을 전자기기에 장착하여 특수한 목적에 이용되는 마이크로컴퓨터 기술도 점점 발전하고 있다.

이와 같이 비행기에도 점보기에서 경비행기까지 다양한 종류가 있듯이 컴퓨터의 종류에도 여러 가지가 있음을 알 수 있다. 어떠한 종류의 비행기든지 그 목적이 무엇인지는 자명하다. 그러면 다양한 종류의 컴퓨터의 활용 목적은 무엇일까? 데이터를 기록하고, 기록 데이터를 불러들여 처리하는 것이라 할 수 있다.

데이터를 표현하는 방법에 따라 디지털 컴퓨터·아날로그 컴퓨터·하이브리드 컴퓨터로 나뉜다.

- 아날로그 컴퓨터(Analog Computer) : 길이·전압·전류 등과 같은 연속적인 양의 자료를 즉시 처리하는 컴퓨터. 자료를 변환시키지 않고 측정 장치로부터 직접 입력할 수 있다. 자료의 측정과 비교를 즉시 처리하므로 공장의 자동기기 제어에 이용되지만, 저장 기능이 없고 정밀도와 범용성이 디지털 컴퓨터보다 떨어진다. 자연의 te형(상사형) 아날로그 신호{0~9}를 취급하는 컴퓨터로 신호의 합과 차, 신호의 미적분 등의 연구에 이용한다.
- 디지털 컴퓨터(Digital Computer) : 실제 숫자나 수치적으로 코드화한 문자의 표현으로 이루어진 자료를 처리하는 컴퓨터이다. 사칙연산이 바탕이 되며, 연속적인 양의 표현이 불가능하므로 자료의 표현에 오차가 생길 수도 있다. {0, … 9}, {0,1} 등의 불연속적 이산형(계수형) 디지털 신호를 취급하는 디지털 컴퓨터는 높은 정밀도와 신뢰성을 얻을 수 있다. 오늘날 우리가 사용하는 컴퓨터라는 말은 디지털 컴퓨터를 의미한다.
- 하이브리드 컴퓨터(Hybrid Computer) : 아날로그 기능과 디지털 기능을 하나의 컴퓨터 시스템에 혼합한 형태의 컴퓨터. 아날로그 자료를 입력하여 디지털 처리를 하고자 할 때에 유용하다.

C.H.A.P.T.E.R

02

자료의 표현 및 코드

컴퓨터를 이용하여 어떤 업무를 처리하려면 프로그램과 자료가 컴퓨터 내에 입력되어 있어야 한다. 그런데 컴퓨터는 우리가 사용하는 문자나 숫자 등의 형태를 그대로 인식할 수 없으므로 컴퓨터와 사람과의 약속에 의해 기계적인 방법으로 바꾸어 주면 컴퓨터 내에서는 모든 프로그램이나 자료가 부호화되어 표현된다. 즉, 컴퓨터 내부에서는 모든 정보가 전기적 또는 자기적인 신호에 의하여 부호화되어 표현된다.

정보를 부호화하는 방법에는 여러 가지가 있으나 컴퓨터는 0과 1의 두 가지 상태만을 가지며 이것을 2진 숫자(binary digit)라고 한다. 따라서 컴퓨터는 0과 1을 사용하여 숫자 및 문자를 표시하는 방법이 필요하다.

2.1 자료의 표현 단위

(1) 비트(bit : binary digit)

컴퓨터 시스템에 있어서 자료는 회로나 사용되는 매체에서 전기 신호나 자기 신호의 유무에 의하여 표시된다. 컴퓨터는 단지 두 가지의 상태나 조건만을 표시하기 때문에, 읽을 자료의 2진(binary) 혹은 "2-상태(two-state)"라고 표시한다. 컴퓨터 회로와 매체의 이러한 2진법적인 특성은 2진법 수 시스템이 컴퓨터에서 자료 표현의 기본이 되고 있는 중요한 이유이다.

이와 같이 컴퓨터에서 사용되는 모든 문자들은 2진수로 부호화되어 기억장치에 표시되는데, 2진수는 0과 1의 두 가지 상태만을 나타내므로 많은 숫자를 표시하기 위해서는 여러 개의 2진수가 필요하다. 이때, 2진수의 두 가지 상태를 나타내는 기억 소자를 개념적으로 비트(bit)라 하며, 이를 컴퓨터에서 취급하는 자료의 최소 단위라 한다.

따라서, 하나의 비트는 0 또는 1의 2가지 상태를 나타내며, 2개의 비트는 00, 01, 10, 11의 4가지 서로 다른 상태를 나타낼 수가 있고, 4개의 비트라면 16가지, 6개의 비트라면 64가지의 서로 다른 상태를 나타낼 수 있다. 즉, n개의 bit

가 모이면 2^n가지의 서로 다른 상태를 표현할 수 있다. 또한 여러 비트의 나열에서 가장 왼쪽의 비트를 최상위 비트(MSB : Most Significant Bit)라 하고 가장 오른쪽의 비트를 최하위 비트(LSB :.Least Significant Bit)라 한다.

(2) 바이트(Byte)

바이트(byte)는 1개의 문자를 표현하기 위한 단위로 8비트를 말한다. 예를 들면, A에서부터 Z까지 26개의 영문자를 표현하기 위해서는 최소 5비트(2^5 = 32)가 필요하며, 숫자, 특수 기호 등을 모두 표현하기 위해서는 여러 개의 비트가 필요하다. 일반적으로 8비트(2^8 = 256)를 묶어 1개의 바이트로 사용하고 있다. 'VISION'라는 단어는 모두 6바이트가 사용되며, 비트로 계산하면 1바이트는 8비트이므로 48비트(6 × 8)가 필요하다.

(3) 워드(Word)

컴퓨터가 데이터를 처리할 때는 한 번에 처리할 수 있는 데이터의 길이가 정해져 있으며, 이를 워드(Word)라 한다. 1바이트 이상이 모여 1워드를 만들며, 보통 워드라고 하며 컴퓨터가 처리할 수 있는 데이터의 길이를 말한다. 그리고 바이트는 문자를 표시하는 최소 단위이며, 다음과 같이 일정한 수의 바이트 조합에 따라 2byte를 half word, 4byte를 full word, 8byte를 double word라고 한다.

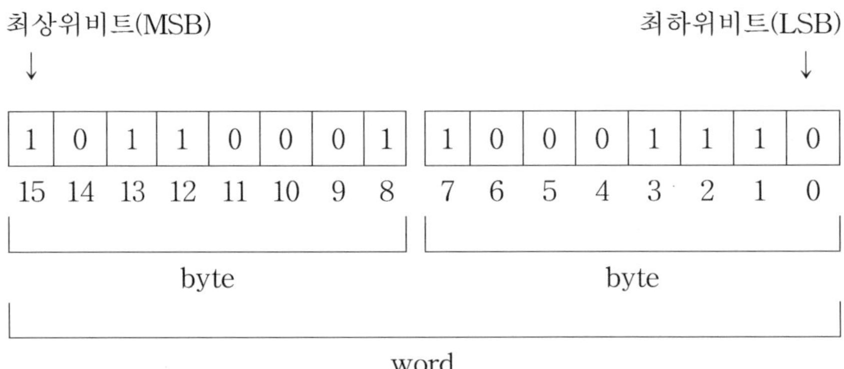

MSB : Most Significant Bit LSB : Least Significant Bit

그림 2.1 bit, byte 및 word의 관계

【표 2.1】 기억용량의 표현

종 류	의 미	표 현	단 위
Kilo byte(KB)	10^3	2^{10}byte	1024B
Mega byte(MB)	10^6	2^{20}byte	1024KB
Giga byte(GB)	10^9	2^{30}byte	1024MB
Tela byte(TB)	10^{12}	2^{40}byte	1024GB

(4) 필드(Item 또는 Field)

필드 또는 항목이란 일정한 의미를 갖는 하나의 자료값을 의미하는 것으로 자료(또는 파일) 구성 및 자료처리의 기본(최소)단위가 된다.

(5) 레코드(Record)

서로 관련 있는 필드의 집합체로 프로그램에서 처리되는 자료의 기본 단위를 레코드라 한다. 레코드(record)는 하나 이상의 연관성 있는 필드들이 모여서 하나의 레코드를 만드는 것으로, 어떤 개인에 관한 자료들인 이름, 생년월일, 주소 등 서로 관련된 항목들의 집합을 말하며, 프로그램에서 처리되고 입출력되는 단위로서 레코드를 기본단위로 사용한다.

(6) 파일(File)

파일(file)이란 자료의 저장 단위를 말하며, 어떤 작업을 하기 위해서 필요한 데이터 전체를 의미하며, 레코드의 집합으로 예를 들면, 학교에서 학생들의 자료를 개인별로 레코드화하여 만들어 놓은 것을 말한다. 그림 2.2는 항목, 레코드, 파일 등의 관계를 나타내었다.

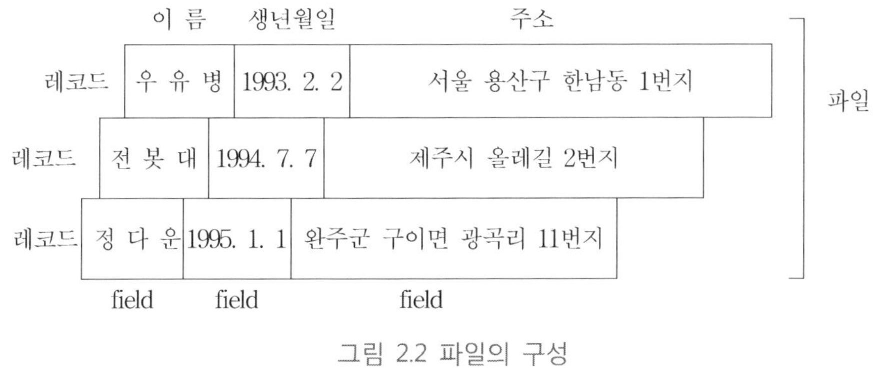

그림 2.2 파일의 구성

(7) 데이터베이스(Database)

각각의 파일이 서로 자료의 중복을 피하여 서로 관련된 여러 파일들을 통합한 자료들을 모아 놓은 것을 데이터베이스라고 한다.

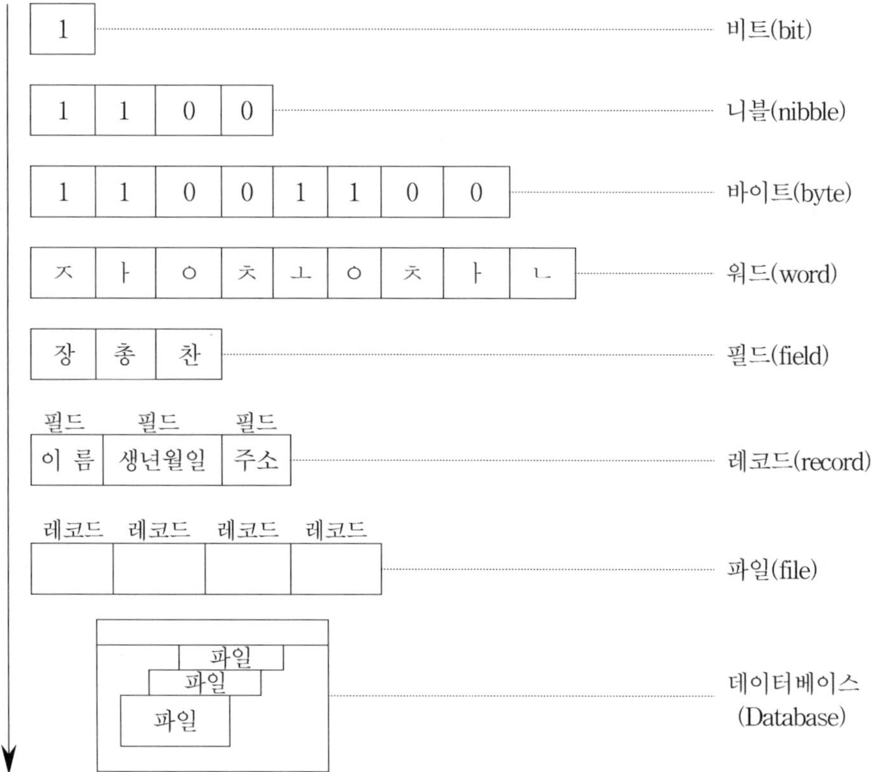

그림 2.3 정보 단위별 구성

2.2 수의 체계와 진법

우리들이 일상생활에서 사용하고 있는 수는 0에서 9까지의 10개의 수를 써서 나타내며, 이러한 10개의 숫자를 사용하여 연산하는 방법이 10진수(decimal number)이다.

컴퓨터나 디지털 시스템에서는 2개의 숫자나 8개의 숫자, 또는 16개의 숫자로 된 수의 진법이 사용되기도 한다. 따라서 컴퓨터를 이해하고 활용하기 위해서는 2진법에 대한 이해가 필요하며, 2진수로 기억된 컴퓨터의 내용을 읽거나 쓰는 것이 익숙하지 않다. 그래서 2진수에 2^n, 즉 2^3, 2^4를 하여 8진수, 16진수로 변환하여 사용하기도 한다.

10진수에서 사용하는 숫자는 0, 1, 2, 3, …, 9까지의 10개를 사용하여 값을 표현하기 때문에, 밑수 또는 radix를 10으로 하여 모든 수를 표현하고, 2진수(binary number)는 밑수를 2로 하여 0, 1을 사용하여 모든 수를 나타낸다.

또한 8진수(octal number)는 밑수를 8로 하고 사용하는 숫자는 0, 1, 2, 3, …, 7까지의 8개를 사용하는 수의 체계이며, 16진수(hexa decimal)는 밑수를 16으로 하고, 사용하는 숫자는 0, 1, 2, 3, …, 9, A(10), B(11), C(12), D(13), E(14), F(15)까지의 16개의 숫자를 사용하는 수의 체계이다.

표 2.2는 10진수에 대한 2진수, 8진수 및 16진수 값을 나타낸다.

【표 2.2】 진법표

10진법	2진법	8신법	16진수
0	0000	0	0
1	0001	1	1
2	0010	2	2
3	0011	3	3
4	0100	4	4
5	0101	5	5
6	0110	6	6
7	0111	7	7
8	1000	10	8
9	1001	11	9
10	1010	12	A
11	1011	13	B
12	1100	14	C
13	1101	15	D
14	1110	16	E
15	1111	17	F

2.1.1 진법

우리가 일상생활에서 쓰고 있는 수의 체계는 10진법으로서 0, 1, 2, 3, …, 9까지의 10개의 숫자를 사용하여 모든 크기의 숫자를 나타낸다. 즉, N진법이라 하는 것은 N개의 숫자로 구성되어진 것을 의미하며, 각 진법의 구별을 위하여 $(369)_{10}$, $(1001)_2$와 같이 첨자를 붙여 사용하기도 한다.

이 과정에서 이런 진법의 이해와 상호 변환 및 연산을 통하여 수의 체계를 이해해 보자.

(1) 10진수

10진수의 각 숫자는 10개의 서로 다른 양만을 나타내는 데 그치지 않고 더 많은 양을 나타낼 수 있는데 양의 표시는 이들 숫자들의 적절한 위치 선정으로서 표시할 수 있다. 여기에서 10진수 숫자의 위치는 양의 크기를 나타내고 이를 자리값(weight)이라 부르며, 10진수는 각각의 숫자와 자리수를 곱한 값들의 합이 된다. 예를 들어, 10진수 1234.25는 다음과 같이 표현할 수 있다.

$$1234.25 = 1 \times 10^3 + 2 \times 10^2 + 3 \times 10^1 + 4 \times 10^0 + 2 \times 10^{-1} + 5 \times 10^{-2}$$
$$= 1000 + 200 + 30 + 4 + 2/10 + 5/100$$

여기에서, 10^3은 1000
10^2은 100
10^1은 10
10^0은 1
10^{-1}은 1/10
10^{-2}은 1/100이 되며
10^{-2}, 10^{-1}, 10^0, 10^1, 10^2, …을 10진법에서 자리값

이라 부르고, 10을 10진수의 밑수(radix 또는 base)라 한다. 일반적으로 base가 R(R진법)로 표시되는 수 N은 정수부분이 n자리, 소수점 이하의 부분이 m자리인

$$N = d_n R^n + d_{n-1} R^{n-1} + \ldots + d_1 R^1 + d_0 R^0 + d_{-1} R^{-1} + \ldots + d_{-m} R^{-m}$$

$$= \sum_{i=-m}^{n} d_i R^i$$

로 표시된다. 여기서 $d_i < R$이며, R은 밑수(radix)이다. d_i는 R진법에서 i자리의 임의의 숫자를 표시하고 i는 정수이다.

(2) 2진수

10진수가 10개의 숫자로 되어있는 것과 같이 2진수(binary number)는 2개의 숫자 0과 1로 되어 있다. 따라서, 2진수에서는 0과 1의 두 개의 숫자로 모든 수를 나타낼 수 있는 것이 특징이다. 그리고 2진수에서도 0 또는 1의 위치를 10진 숫자의 위치가 숫자의 크기를 나타냈던 것처럼 숫자의 크기 즉, 자리값을 나타낸다. 2진법에서는 2를 밑(radix)으로 하여 0과 1만으로 수를 나타내며, 최하위의 자리에서 2^0, 2^1, 2^2, 2^3, … 자리값이 붙여지는 것은 10진 자리값과 동일하다.

디지털에서 흔히 볼 수 있는 진법은 2진수(binary), 8진수(octal), 16진수(hexa-decimal)로 그 사이의 변환은 $2^3 = 8$ 및 $2^4 = 16$의 관계로부터 쉽게 이루어질 수 있다.

10진수	2진수
⇩	⇩
$10^0 = 1$	$2^0 = 1$
$10^1 = 10$	$2^1 = 2$
$10^2 = 100$	$2^2 = 4$
$10^3 = 1000$	$2^3 = 8$
.	.
.	.
.	.

2진수의 기본 숫자는 0과 1이고, 밑수는 2이므로 일반식으로 다음과 같이 간단히 된다.

$$(N)_{10} = d_{n-1}\,2^{n-1} + \ldots\ldots + d_i\,2^i + \ldots\ldots + d_0\,2^0$$
$$= \sum_{i=0}^{n-1} (d_1 2^i)$$

여기서, d_i = 0 또는 1, i = 0~n-1

예를 들면, 2진수 1010은

1		0		1		0
⇩		⇩		⇩		⇩
N = 1×2^3	+	0×2^2	+	1×2^1	+	0×2^0
= 8	+	0	+	2	+	0
= 10						

2진수를 10.01을 10진수로 변환하면 다음과 같다.

1		0	·	0		1		
⇩		⇩		⇩		⇩		
1×2^1	+	0×2^0	+	1×2^{-1}	+	0×2^2		
⇩		⇩		⇩		⇩		
1×2	+	0×1	+	$0\times\frac{1}{2}$	+	$0\times\frac{1}{4}$	=	$(2.25)_{10}$

(3) 8진수

8진법(octal number system)을 사용하여서 나타낸 수를 8진수(octal number)라고 하는데, 8진수는 기호가 0부터 7까지 8개이므로 밑수는 8이 되며, n개의 정수 d에 대한 10진수를 나타내는 형식은 다음과 같다.

$$(d\ )_{10} = d_{n-1}8^{n-1} + \ldots + d_i8^i + \ldots + d_08^0$$
$$= \sum_{i=0}^{n-1}(d_i\,8^i)$$

여기서, d_i = 0~7의 정수, i = 0~n-1

8진수 369를 10진수로 변환하면 다음과 같다.

3		6		9		
⇩		⇩		⇩		
3×8^2	+	6×8^1	+	9×8^0		
⇩		⇩		⇩		
192	+	48	+	9	=	$(249)_{10}$

8진수 357.24를 10진수로 변환하면 다음과 같다.

3		5		7	·	2		4		
⇩		⇩		⇩		⇩		⇩		
3×8^2	+	5×8^1	+	7×8^0		2×8^{-1}		4×8^{-2}		
⇩		⇩		⇩		⇩		⇩		
192	+	40	+	7	+	$\frac{8}{2}$	+	$\frac{4}{64}$	=	$(239.3125)_{10}$

(4) 16진수

16진법(hexa-decimal number system)이란 16개의 숫자와 문자에 의해 표현되는 것으로 16진법을 사용하여 나타낸 수를 16진수(hexa-decimal number)라고 하며, 밑수(base)는 16이 된다.

그런데, 16진수 중 10부터 15까지 숫자는 다른 진법의 숫자와 혼동을 피하기 위해서 10은 A, 11은 B, 12는 C, 13은 D, 14는 E, 15는 F로 각각 나타낸다.

일반적으로 16진수 n의 자리의 정수 d에 대한 10진수를 나타내는 형식은 다음과 같다.

$$(d\ )_{10} = d_{n-1}16^{n-1} + \ldots + d_i\,16^i + \ldots + d_0 16^0$$

$$= \sum_{i=0}^{n-1}(d_i\,16^i\ )$$

여기서, d_i = 0~9, A, B, C, D, E, F, i = 0~n-1

16진수 39C를 10진수로 나타내면 다음과 같다.

3		9		C		
⇩		⇩		⇩		
3×16^2	+	9×16^1	+	$C\times16^0$		
⇩		⇩		⇩		
768	+	144	+	12	=	$(924)_{10}$

16진수 36A.5F를 10진수로 나타내면 다음과 같다.

3		6		A	·	5		F		
⇩		⇩		⇩		⇩		⇩		
3×16^2	+	6×16^1	+	$A\times16^0$		5×16^{-1}	+	$F\times16^{-2}$		
⇩		⇩		⇩		⇩		⇩		
768	+	96	+	10	+	$\frac{5}{16}$		$\frac{15}{256}$	=	$(874.37)_{10}$

2.2.2 진법 변환

(1) 정수인 경우

지금까지 여러 가지 2진법, 8진법 및 16진법을 10진법으로 바꾸어 보았다. 이제 10진법을 N진법(2진법, 8진법, 16진법)으로 바꾸는 과정에 대해 알아보기로 한다.

진법의 변환 방법은 다음과 같다.

① 10진수(젯수)를 N진법의 기본인 N(피젯수)으로 나눈다.

② 나눈 나머지를 N진법의 가장 하위 자리인 N^0의 수를 취하고,

③ 몫이 더 나누어지면 위의 방법을 계속 반복하여 나머지를 그 다음 자리의 수로 취하며,

④ 몫이 나누고자 하는 수(N진법의 표현하는 수)보다 작으면 마지막 자리 수로 취한다.

[10진수를 N진수로 변환]

① 10진수 25를 2진수로 변환

```
2 | 25
2 | 12   - 1
2 |  6   - 0
2 |  3   - 0
     1   - 1
```

$(25)_{10} = (11001)_2$

$(11001)_2 = 1 \times 2^4 + 1 \times 2^3 + 0 \times 2^2 + 0 \times 2^1 + 1 \times 2^0$

$= 1 \times 2^4 + 1 \times 2^3 + 1 \times 2^0$

$= 1 \times 16 + 1 \times 8 + 1 \times 1$

$= 16 + 8 + 1$

$= (25)_{10}$

② 10진수 25를 8진수로 변환

```
8 | 25
     3   - 1
```

$(25)_{10} = (31)_8$

$(31)_8 = 3 \times 8^1 + 1 \times 8^0$

$= 3 \times 8 + 1 \times 1$

$= 24 + 1$

$= (25)_{10}$

③ 10진수 25를 16진수로 변환

$$16 \underline{|\ 25\ \ \ \ }$$

$$1 \quad -9$$

$$(25)_{10} = (19)_{16}$$

$$(19)_{16} = 1 \times 16^1 + 9 \times 16^0$$
$$= 1 \times 16 + 9 \times 1$$
$$= 16 + 9$$
$$= (25)_{10}$$

여기서, 최종의 나머지를 최상위 비트(MSB : Most Significant bit)라 하고, 최초의 나머지를 최하위 비트(LSB : Least Significant bit)라 한다.

(2) 소수점이 있는 경우

10진수의 소수부분이 0이 될 때까지 N진수를 곱해 주면서 소수점 위로 올라오는 정수부분을 위에서부터 차례로 취하면 된다.

[10진수를 N진수로 변환]

① 10진수 0.125를 2진수로 변환

$$\begin{array}{r} 0.125 \\ \times \quad 2 \\ \hline 0.250 \\ \times \quad 2 \\ \hline 0.500 \\ \times \quad 2 \\ \hline 1.000 \end{array}$$

$$(0.125)_{10} = (0.001)_2$$

② 10진수 0.125를 8진수로 변환

$$\begin{array}{r} 0.125 \\ \times \quad 8 \\ \hline 1.000 \end{array}$$

$(0.125)_{10} = (0.1)_8$

③ 10진수 0.125를 16진수로 변환

$$\begin{array}{r} 0.125 \\ \times \quad 16 \\ \hline 2.000 \end{array}$$

$(0.125)_{10} = (0.2)_{16}$

예제1 다음 2진수를 10진수로 변환하시오.

① 1010 ② 101101
③ 1101.101 ④ 100101.01011

① $(1010)_2 = 1 \times 2^3 + 0 \times 2^2 + 1 \times 2^1 + 0 \times 2^0$

$= 1 \times 8 + 0 \times 4 + 1 \times 2 + 0 \times 1$

$= 8 + 0 + 2 + 0$

$= (10)_{10}$

② $(101101)_2 = 1 \times 2^5 + 0 \times 2^4 + 1 \times 2^3 + 1 \times 2^2 + 0 \times 2^1 + 1 \times 2^0$

$= 1 \times 32 + 0 \times 16 + 1 \times 8 + 0 \times 4 + 0 \times 2 + 1 \times 1$

$= 32 + 0 + 8 + 4 + 0 + 1$

$= (45)_{10}$

③ $(1101.101)_2 = 1 \times 2^3 + 1 \times 2^2 + 0 \times 2^1 + 1 \times 2^0 + 1 \times 2^{-1} + 0 \times 2^{-2} + 1 \times 2^{-3}$

$= 1 \times 8 + 1 \times 4 + 0 \times 2 + 1 \times 1 + 1 \times \frac{1}{2^1} + 0 \times \frac{1}{2^2} + 1 \times \frac{1}{2^3}$

$$=1\times8+1\times4+0\times2+1\times1+1\times\frac{1}{2}+0\times\frac{1}{4}+1\times\frac{1}{8}$$

$$=8+4+0+1+\frac{1}{2}+0+\frac{1}{8}$$

$$=8+4+0+1+0.5+0+0.125$$

$$=(13.625)_{10}$$

④ $(100101.01011)_2$

$$=1\times2^5+0\times2^4+0\times2^3+1\times2^2+0\times2^1+1\times2^0$$

$$+0\times2^{-1}+1\times2^{-2}+0\times2^{-3}+1\times2^{-4}+1\times2^{-5}$$

$$=1\times32+0\times16+0\times8+1\times4+0\times2+1\times1$$

$$0\times\frac{1}{2^1}+1\times\frac{1}{2^2}+0\times\frac{1}{2^3}+1\times\frac{1}{2^4}+1\times\frac{1}{2^5}$$

$$=1\times32+0\times16+0\times8+1\times4+0\times2+1\times1$$

$$+0\times\frac{1}{2}+1\times\frac{1}{4}+0\times\frac{1}{8}+1\times\frac{1}{16}+1\times\frac{1}{32}$$

$$=32+0+0+4+0+1+0+0.25+0+1\times0.0625+1\times0.03125$$

$$=(37.34375)_{10}$$

2.2.3 2진수, 8진수, 16진수의 상호 변환

2진수는 1개의 비트로, 8진수는 3개의 비트를 묶어서 그리고 16진수는 4개의 비트를 묶어서 표현할 수 있다. 따라서 2진수로 표현할 때는 소숫점 위치를 중심으로 3비트, 4비트로 나누어 10진수로 환산하고, 8진수, 16진수로도 변환할 수 있다.

컴퓨터에서 2진법은 기본적인 자료표현 방법이지만 표시하는 숫자의 자릿수가 길어지므로 8진수와 16진수를 자주 사용한다.

10진수 43.369라는 숫자가 있을 때, 우선 2진수로 변환하면 다음과 같다.

① 정수 부분

```
2 | 43
2 | 21   - 1
2 | 10   - 1
2 | 5    - 0
2 | 2    - 1
    1    - 0
```

② 소수 부분

```
   0.369
×      2
--------
   0.738

   0.738
×      2
--------
   1.476

   0.476
×      2
--------
   0.952

   0.952
×      2
--------
   1.904
```

$(43.369)_{10} = (101011.0101)_2$

(1) 2진수를 8진수로 변환

주어진 2진수의 소숫점을 중심으로 정수 부분은 왼쪽 방향으로, 소수 이하 부분은 오른쪽 방향으로 각각 3비트씩 8진수로 바꾸어 나타내며, 소숫점을 중심으로 하여 3비트로 나누어 갈 때 정수와 소수 부분에 대해 모자라는 비트는 0으로 채운다.

```
  (101 011 · 010 100)2
= (5    3  ·  24)8
```

(2) 2진수를 16진수로 변환

주어진 2진수의 소숫점을 중심으로 정수 부분은 왼쪽 방향으로, 소수 이하 부분은 오른쪽 방향으로 각각 4비트씩 16진수로 바꾸어 나타내며, 소숫점을 중심으로 하여 4비트로 나누어 갈 때 정수와 소수 부분에 대해 모자라는 비트는 0으로 채운다.

```
 (0010  1011 · 0101)2
  └──┘  └──┘   └──┘
= (2     B   ·   5)16
```

2.2.4 2진수의 정수 연산

2진수의 4칙 연산은 10진수의 4칙 연산과 비교하면 그 원리는 다를 것이 없다. 여기서는 디지털 시스템에서 가장 많이 쓰는 2진수의 4칙 연산을 알아보기로 한다.

(1) 2진수의 4칙 연산

① 2진수의 가산

예를 들어, 다음 2진수 101101 + 100101을 계산하여라.

```
   101101         45
+  100101       + 37
---------       ----
  1010010         82
```

② 2진수의 감산

2진수의 감산은 가산의 반대이며, 10진수와 같은 경우이다. 여기에서 주의할 것은 감산의 계산에서는 왼쪽의 높은 열에서 자리내림(borrow)이 생길 경우가 있다.

예를 들어, 다음 2진수 10110 - 01010을 계산하여라.

```
   10110          22
-  01011        - 11
--------        ----
   01011          11
```

③ 2진수의 곱셈

2진수의 곱셈은 다음 4가지 기본 조작 이외는 존재하지 않는다.

```
1)    0      2)    0      3)    1      4)    1
    × 0          × 1          × 0          × 1
    ---          ---          ---          ---
      0            0            0            1
```

두 자리 이상 곱셈 순서는 10진수의 곱셈법과 같다.

예를 들어, 다음 2진수 110101 × 101을 계산하여라.

```
     110101   피승수(multiplicand)
×       101   승수(multiplier)
-----------
     110101                  53
    000000                ×   5
   110101                 -----
-----------                 265
  100001001   몫(product)
```

④ 2진수의 나눗셈

진수의 나눗셈은 기본조작은 다음 4가지 법칙이 적용된다.

```
1)    0      2)    0      3)    1      1)    1
    ÷ 0          ÷ 1          ÷ 0          ÷ 1
    ---          ---          ---          ---
    부정           0          불능           1
```

그러나 나눗셈의 기본 조작은 없고 10진수와 같은 방법으로 하면 된다.

예를 들어, 다음 2진수 11011 - 101을 계산하여라.

```
       101              5
   -------            ----
101 | 11001         5 | 25
      101               25
      -----           ----
        101              0
       -101
      -----
          0
```

2.3 보수와 보수에 의한 감산

(1) 보수의 개념

컴퓨터에서는 가산기를 이용하여 감산을 실행하기 때문에 이때 감수를 효과적으로 처리하기 위해 보수라는 개념이 도입되었다. 즉, 어떤 수 A에서 B를 감산하려면 B를 보수 가산에 의해서 실현할 수 있다. 디지털 컴퓨터에서 음의 수를 표시하는 방법으로 흔히 쓰이는 것으로 수의 보수(complement)를 이용한다. 일반적으로 기수가 R인 진수에 있어서의 보수에 의한 것과 (R-1)의 보수에 의한 것이 있다.

즉, 보수에서 기수보수와 기수-1보수의 두 종류가 있다. 기수보수를 일컫는데 있어서 10진수일 때는 기수가 10이므로 10의 보수, 기수-1보수를 9의 보수라고 하며, 8진수일 때는 8의 보수, 기수-1보수를 7의 보수라고 하며, 2진수일 때는 2의 보수와 기수-1보수인 1의 보수가 있다.

여기에서는 2진수일 때의 2의 보수와 1의 보수에 대해 알아보기로 한다.

(2) 2진 보수와 1의 보수

2진 보수는 2의 보수와 기수-1보수인 1의 보수를 포함한다.

1의 보수는 1은 0으로, 0은 1로 바꾸기만 하면 구하여지며, 2의 보수는 다음의 두 가지 방법으로 만들 수 있다.

① 1의 보수의 최하위 숫자(LSB)에 1을 더하거나,

② 2진 숫자를 오른쪽(LSB)에서 왼쪽(MSB)으로 검색해 가면서 첫 번째 1이 나타날 때까지는 그대로 쓰고, 그 이후부터의 숫자 중 0은 1로, 1은 0으로 바꾸어 주면 쉽게 구할 수 있다.

예제2 다음 2진수의 1의 보수와 2의 보수를 구하여라.

① 10101　　② 1101101　　③ 10101100

① 2진수 = 10101
1의 보수 = 01010
2의 보수 = 01011

② 2진수 = 1101101
1의 보수 = 0010010
2의 보수 = 0010011

③ 2진수 = 10111100
1의 보수 = 01000011
2의 보수 = 01000100

(3) 보수에 의한 감산

컴퓨터는 수의 "-"의 부호를 인식하지 못하는 대신 그 값의 보수를 취한 값으로 인식하게 된다. 따라서, 컴퓨터가 감산을 못할 때는 빼는 값(감수)을 보수로 취하여 이것을 더해줌으로써 감산을 한 결과가 되는 것이다.

2의 보수와 1의 보수를 이용한 감산 방법은 다음과 같다.

① 감수를 2의 보수 또는 1의 보수로 바꾼다.

② 피감수에 보수로 바꾼 감수를 2진 가산 방법에 따라 계산한다.

③ 2의 보수를 사용하여 계산한 결과 자리올림수가 발생할 경우 이를 제거한 나머지가 결과이다. 그러나, 1의 보수를 사용하여 계산한 결과 자리올림수가 발생할 경우 이를 LSB에 더한 값이 결과이다.

④ 계산한 결과 자리올림수가 발생하지 않았을 경우, 2의 보수를 사용하여 계산했을 경우에는 결과에 2의 보수를 취하고 앞에 - 부호를 붙이고, 1의 보수를 사용하여 계산했을 경우에는 결과에 1의 보수를 취하고 앞에 - 부호를 붙인다.

예제 3 A = 1010100, B = 1000100일 때, 2의 보수를 사용해서 A - B와 B - A를 계산하시오.

① A = 1010100
B = 1000100
B의 2의 보수 = 0111100

```
   1010100
+  0111100
----------
 ①0010000
```

따라서, 계산한 결과는 10000이다.

② B = 1000100
A = 1010100
A의 2의 보수 = 0101100

```
   1000100
+  0101100
----------
   1110000
```

따라서, 계산한 결과는 -10000이다.

예제 4 1의 보수를 사용해서 앞의 예제에서의 문제를 계산하여라.

① A = 1010100
B = 1000100
B의 1의 보수 = 0111011

```
   1010100
+  0111011
----------
 ①0001111
         1
----------
   0010000
```

따라서, 순환 자리 올림수 ①은 연산한 결과가 양수임을 의미하고, 1의 보수는 2의 보수 보다 1만큼 작기 때문에 최하위 자리에 순환 자리 올림수 ①을 더하면, 계산한 결과는 10000이 된다.

② A = 1000100
B = 1010100
B의 1보수 = 0101011

```
   1000100
+  0101011
----------
 ○ 1101111
   없다   ∴ 0010000
```

따라서, 자리 올림수가 생기지 않았으므로 계산한 결과가 음수임을 의미하고, 계산 결과 1101111에 대해 1의 보수를 취하고 그 결과에 '–'를 붙이면 계산한 결과는 -10000이 된다.

예제 5 A = 1010, B = 101일 때 A - B에 대해 1의 보수와 2의 보수를 이용하여 계산하시오.

① 1의 보수를 이용하는 경우

```
    1010
+   1010
--------
  ①0100
   +  1
--------
    0101
```

따라서, 계산한 결과는 0101이다.

② 2의 보수를 이용하는 경우

```
   1010
+  1011
-------
   0101
```

따라서, 계산한 결과는 0101이다.

(4) 1의 보수와 2의 보수의 비교

1의 보수는, 1은 0으로, 0은 1로 바꾸기만 하면 구할 수 있어 이런 역할을 하는 회로를 쉽게 만들 수 있다는 장점을 갖추고 있다.

그러나 2의 보수는 다음의 두 가지 방법으로 만들 수 있다.

① 1의 보수의 최하위 숫자(LSB)에 1을 더하거나,

② 2진 숫자를 오른쪽(LSB)에서 왼쪽(MSB)으로 검색해 가면서 첫 번째 1이 나타날 때까지는 그대로 쓰고, 그 이후부터의 숫자 중 0은 1로, 1은 0으로 바꾸어 주면 쉽게 구할 수 있다.

보수에 의한 감산에서, 2의 보수는 오직 한 번만의 계산과정이 필요하지만, 1의 보수는 순회식 자리올림수가 발생할 경우에는 두 번의 계산과정이 필요하다.

또한 1의 보수는 산술과정에서 모두 0 숫자로 이루어진 0과 모두 1숫자로 이루어진 0 등 2개의 0을 가지는 단점이 있다.

이를 증명하기 위해 2진수의 감산 1010 - 1010을 생각해 보자.

```
1의 보수사용     1010
              + 0101
              ------
              + 1111
```

따라서, 계산한 결과 자리올림수가 발생하지 않기 때문에, 1의 보수를 취하고 앞에 - 부호를 붙여 -0000을 얻어진다.

```
2의 보수사용     1010
              + 0110
              ------
              ① 0000
```

순환자리 올림수는 결과가 양수임을 의미하며, 따라서 2의 보수는 0에 대해 1개의 값을 가지고 있는 반면, 1의 보수는 0에 대해 2개의 값을 가지고 있기 때문에, 1을 0으로 바꾸는 논리적인 역연산과 같기 때문에 논리적 처리에서 매우 유용하며, 2의 보수는 산술적 응용에 대해서만 사용한다.

2.4 수의 표현 범위

일반적으로 음수를 표현하는 방법으로는 앞에서 언급한 보수를 이용하는 방법이 있는데, 부호와 절대치 방법, 부호와 1의 보수, 부호와 2의 보수의 3가지 표현 방법이 있다.

(1) 부호와 절대치

부호와 절대치 표현 방법은 양수와 음수의 절대치 또는 크기는 동일하다는 수학적 원리를 이용하는 것으로, 부호 bit만 음수이면 1, 양수이면 0으로 나타내어 구분한다.

부호 bit를 포함하여 4bit로 구성되는 경우 +5와 -5를 부호와 절대치로 표현하면 다음과 같다.

+5	=	0	1	0	1
-5	=	1	1	0	1
		부호 bit			

nbit를 갖는 부호와 절대치로 표현할 수 있는 수의 범위는 다음과 같다.

$(-\ 2^{n-1}\ -1) \sim (+\ 2^{n-1}\ -1)$

여기에서, n-1의 의미는 nbit - 부호 bit를 의미한다.

(2) 부호와 1의 보수

부호와 1의 보수 표현 방법은 양수값은 부호와 절대치 표현 방법과 동일하나, 음수값은 부호 bit를 1로 하고 나머지 크기 부분에 대해서는 1의 보수로 표현한다.

부호 bit를 포함하여 4bit로 구성되는 경우 +5와 -5를 부호와 1의 보수로 표현하면 다음과 같다.

+5	-	0	1	0	1
-5	=	1	0	1	0
		부호 bit			

nbit를 갖는 부호와 1의 보수로 표현할 수 있는 수의 범위는 다음과 같다.

$(-\ 2^{n-1}-1) \sim (+\ 2^{n-1}-1)$

여기에서, n-1의 의미는 n bit - 부호 bit를 의미한다.

(3) 부호와 2의 보수

부호와 2의 보수 표현 방법은 양수값은 부호와 절대치 표현 방법 또는 부호와 1의 보수와 동일하나, 음수값은 부호 bit를 1로 하고 나머지 크기 부분에 대해서는 2의 보수로 표현한다.

부호 bit를 포함하여 4bit로 구성되는 경우 +5와 -5를 부호와 2의 보수로 표현하면 다음과 같다.

		부호	bit		
+5	=	0	1	0	1
-5	=	1	0	1	1

부호 bit

nbit를 갖는 부호와 2의 보수로 표현할 수 있는 수의 범위는 다음과 같다.

$(-\ 2^{n-1}) \sim (+\ 2^{n-1}-1)$

여기에서, n-1의 의미는 nbit - 부호 bit를 의미한다. 음수의 표현범위가 다른 이유는 앞서 설명한 바와 같이 1의 보수는 0에 대해 2개의 값을 가지고 있는 반면, 2의 보수는 0에 대해 1개의 값을 가지고 있기 때문이다.

【표 2.3】 4bit 정수의 표현 범위

표현방법 / 범위 / 정수	부호와 절대치	부호와 1의 보수	부호와 2의 보수
	-7~7	-7~7	-8~7
7	0111	0111	0111
6	0110	0110	0110
5	0101	0101	0101
4	0100	0100	0100
3	0011	0011	0011
2	0010	0010	0010
1	0001	0001	0001
0	0000	0000	0000
-0	1000	1111	None
-1	1001	1110	1111
-2	1010	1101	1110
-3	1011	1100	1101
-4	1100	1011	1100
-5	1101	1010	1011
-6	1110	1001	1010
-7	1111	1000	1001
-8	Impossible	Impossible	1000

표 2.3에는 4bit 정수에 대한 부호와 절대치 표현 방법, 부호와 1의 보수 및 부호와 2의 보수의 표현 범위를 나타내었다.

2.5 부동 소수점의 표현

고정 소수점 표현 방식과의 차이점은 소수점을 포함한 수도 표현 가능하다는 것이다.

부동 소수점(floating point number, real) 표현 방식은 수치의 절댓값이 매우 크거나 아주 작은 수를 표현하기에 적합한 방식으로 소수점이 있는 실수를 표현하는 방법이다.

모든 수는 지수 형태로 나타낼 수 있는 데, 부동 소수점 표현이 컴퓨터 내부에서 지수 형태로 수를 나타내는 방법이다.

예를 들어, $1,357\times10^{13}$과 2.468×10^{11}과 같은 수를 고정 소수점 표현법으로 나타내면 각각 13,570,000,000,000과 0.00000000002468가 되어 10진수 14자리가 필요하다.

그러나 위의 수들을 표현하는 데 있어 소수점의 위치와 사용되는 진법을 알고 있으면 다음과 같이 가수부(mantissa)와 지수부(exponent)만 표기하는 부동 소수점에 의해 표현할 수 있다.

따라서, 부동 소수점 표현 방식으로 값을 저장할 경우에는 소수점의 위치를 정해진 위치로 이동시켜야 하는데, 이러한 과정을 정규화(normalization)이라 한다.

정규화 방법은 소수점 바로 뒤에 유효 숫자가 오도록 하는 것으로 다음과 같다.

$$
\begin{aligned}
& 37.5 \\
=\ & 3.75\times10^{1} \\
=\ & 0.375\times10^{2} \quad \leftarrow \text{ 정규화} \\
=\ & 0.0375\times10^{3}
\end{aligned}
$$

		부호		부호	
$1.357 \times 10^{+13}$	⟶	+ 0	.1357	+	14
-2.468×10^{-11}	⟶	− 0	.2468	−	10
			가수부		지수부

따라서, 가수부 5자리와 지수부 3자리 즉, 전체적으로 8자리만으로 위의 수를 표시할 수 있다. 이렇게 표시함으로써 수를 표현하기 위하여 필요한 자릿수를 많이 줄일 수 있고, 같은 수의 비트로 수를 표시할 경우 고정 소수점보다 부동 소수점에 의한 표현을 사용함으로써 보다 큰 정수 혹은 작은 소수를 나타낼 수 있어서, 정밀도를 높일 수 있다. 그림 2.4는 부동 소수점의 표현 방식이다.

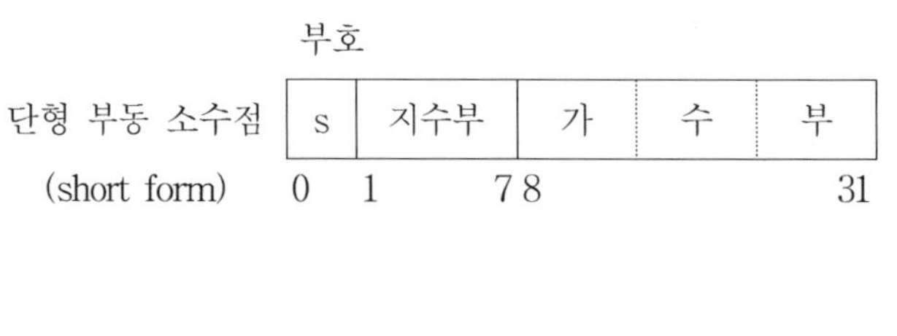

부호

장형 부동 소수점 (long form)

s	지수부	가		수		부	

0 1 7 8 63

그림 2.4 부동 소수점 표현

예제 6 32비트의 실수를 표현하는 컴퓨터에서 밑수가 16이고 지수 표현(bias)이 64를 쓰는 경우에 42.125를 부동 소수점 표현 방식으로 표현하시오.

① 밑수가 16이므로 42.125를 16진수로 변환한다.
$(42.125)_{10} = (2B.2)_{16}$

② 16진수 2B.2를 정규형으로 변환한다.
$(2B.2)_{16} = 0.2B2 \times 16^2$

③ 지수 표현(bias)이 64이므로 16진수로 변환한 후, 실제 지수값에 bias 값을 더하면
지수 표현(bias; 64) = $(64)_{10} = (40)_{16}$
지수값$(2)_{16}$ + $(40)_{16} = (42)_{16}$

지수부분은 16진수로 42이므로 2진수로 변환하면 100 0010이 된다.

- 지수부가 7비트이므로 양의 정수 0부터 127(1111111_2)까지 표현할 수 있다. 그러나 지수는 양수승과 음수 승이 있으므로 64를 기준으로 하여 -64부터 63승까지 표현하도록 했다. 실제 저장되는 지수값은 지수에 64(40_{16})를 더한 값이다.

0	…	62	63	64	65	66	…	127	(실제 저장되는 지수값 : 10진수)
0	…	3E	3F	40	41	42	…	7F	(실제 저장되는 지수값 : 16진수)
-64	…	-2	-1	0	+1	+2	…	+63	(지수의 표현 값)

예를 들어 지수가 16^2일 경우 지수부에 실제 저장되는 값은 2+40H = $42_{16}(1000010_2)$이고 지수가 16^{-1}일 경우는 40H-1 = $3F_{16}(0111111_2)$이 저장된다.

- 소수 또는 정수부에서 최상위 비트의 값이 0이 되지 않도록 하고 지수값을 조정하여 표현한 변위 소수점을 정규형(normal form)이라 한다. 정규형은 수의 크기를 간단하게 비교할 수 있고 표현된 수의 정밀도를 높일 수 있다. 지수 전체를 양수로 하여 64를 +0으로 하여 증가되는 수에 따라 지수가 정해진다.

④ 가수 부분은 16진수로 2B2000이므로 2진수로 변환하면 0010 1011 0010 0000 0000 0000이 된다.

③과 ④의 값을 그림 4.3에서와 같이 순서대로 저장하면 된다. 그리고 부호는 양수이므로 0을 넣으면 된다.

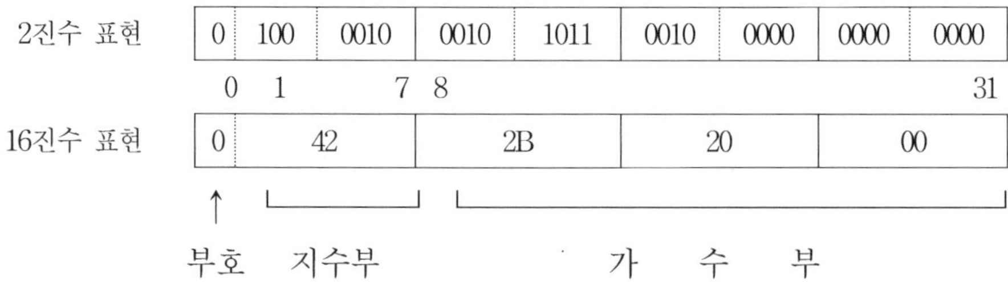

2.6 10진수의 표현

컴퓨터에서 10진법의 수를 숫자로 표현하는 경우 4비트로 부호를 표현해 주는 BCD 코드를 사용한다. 10진수 형식은 팩형 10진수 형식(packed decimal format)과 언 팩형 10진수 형식(unpacked decimal format)이 있으며, 팩형 10진수 형식은 한 바이트에 2개의 숫자를 BCD(8421) 코드로 나타내고 부호를 표시하는 최하위 비트는 양수인 경우$(1100)_2 = (C)_{16}$과 음수인 경우 $(1101)_2 = (D)_{16}$로서 표시한다.

2진 고정 소수점 연산보다 속도가 느리지만 10진수의 형태로 데이터를 표현할 경우 4비트(nibble)로 된 BCD(8421) 코드 부호를 이용한 팩(Pack), 언팩(Unpack) 10진법 형식을 사용한다.

- 10진법의 부호 자리(sign digit) : 최하위 byte나 digit에 4비트(nibble)를 사용하여 표시한다.
  - (+) → 1100(C_{16})
  - (−) → 1101(D_{16})
  - (무부호) → 1111(F_{16})

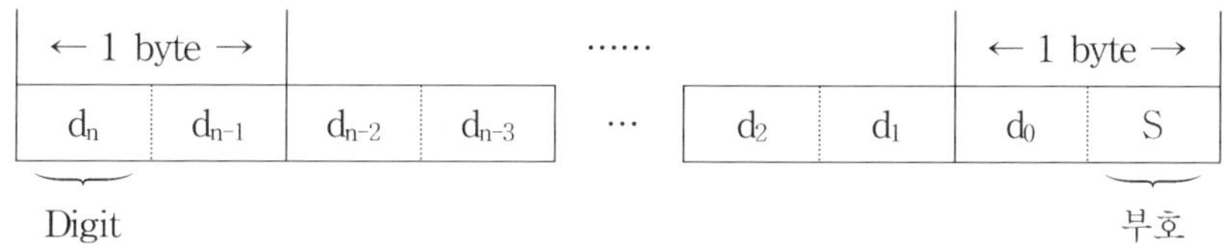

d : 10진 숫자(BCD 코드)

s : ① 양수(+)일 경우 $C_{16}(1100_2)$

② 음수(−)일 경우 $D_{16}(1101_2)$

③ 부호 없는(unsigned) 경우 $F_{16}(1111_2)$

그림 2.5 팩형 10진수 형식

(1) 언 팩형 10진수

언 팩형 10진수 형식은 1바이트에 1개의 숫자를 저장하고, 한 바이트 중 왼쪽 4비트를 존(zone)으로 하여 항상 $(1111)_2$이 들어가며, 나머지 4비트에 10진수의 숫자에 해당하는 BCD 코드를 저장하게 된다.

부호는 마지막 바이트의 상위 4비트를 사용하여 표현하는데 1100과 1101이 각각 양, 음의 부호값이다. 하나의 숫자는 1바이트를 사용하여 BCD 코드로 표시하는데 각 바이트의 상위 4비트는 존(zone) 영역으로 1111로 표시한다.

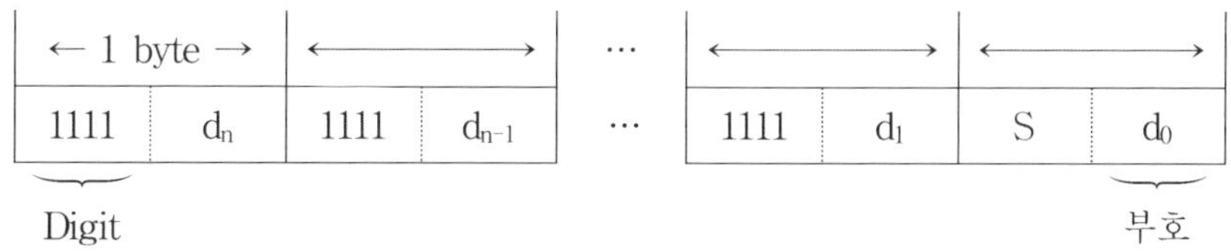

d : 10진 숫자

s : ① 양수(+)일 경우 $C_{16}(1100_2)$

② 음수(−)일 경우 $D_{16}(1101_2)$

③ 부호 없는(unsigned) 경우 $F_{16}(1111_2)$

그림 2.6 언 팩형 10진수 형식

다음은 +2468와 −2468를 언 팩형 10진수 형식으로 표현한 것이며, 그림 아래의 수는 각 바이트의 내용을 16진수로 나타낸 것이다.

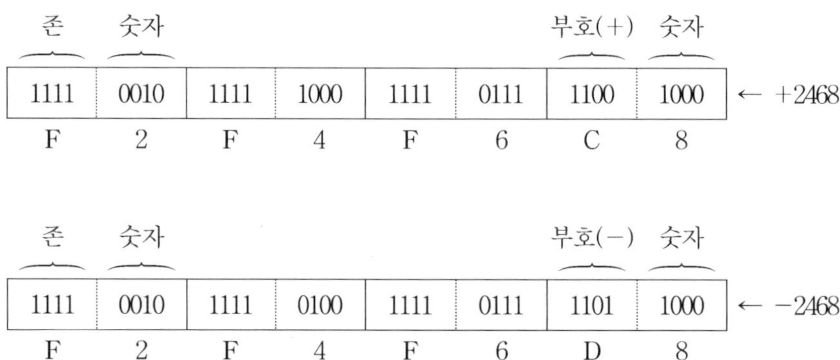

그림 2.7 언 팩형 10진수 형식의 예

- 수의 표현범위(32비트를 사용할 경우)
  - 팩형은 -9999999～+9999999
  - 언 팩형은 -9999～+9999 범위
  - 장단점 : 언 팩형은 8비트 문자 코드인 EBCDIC 10진법 형식으로 사용하기 편리하나 팩 형이 기억장소를 절약할 수 있고, 연산을 하는데 효율적이다.

(2) 팩형 10진수

언 팩형과 달리 팩형 10진수 형식은 존(zone) 부분이 없고 1바이트에 2개의 숫자가 들어가며, 다음과 같은 규칙에 의해 언 팩형 10진수를 팩형 10진수로 혹은 그 반대로 변환을 할 수도 있다.

밀집 10진수 표현형식으로 1Byte에 두 개의 10진수를 표현하며 마지막 4비트(LSD)가 부호를 나타내며 1100이 양수, 1101이 음수를 의미한다.

다음은 +2468와 -2468를 팩형 10진수 형식으로 표현한 것이며, 그림 아래의 수는 각 바이트의 내용을 16진수로 나타낸 것이다.

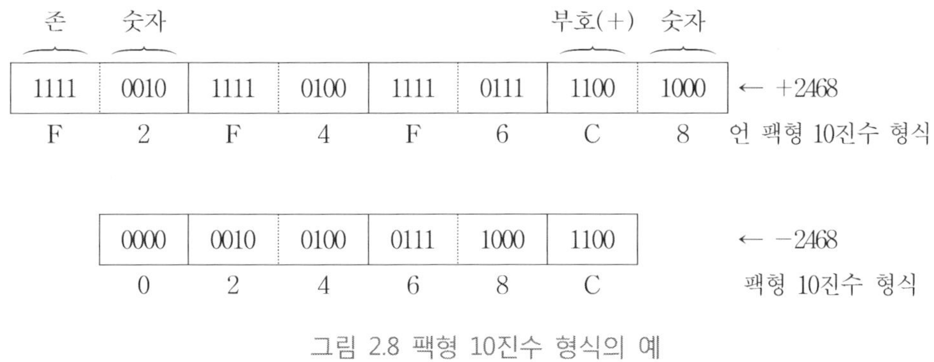

그림 2.8 팩형 10진수 형식의 예

그림 2.8에서 보는 바와 같이 팩형 10진수 형식으로 자료를 기억시키면 언팩형 10진수 형식보다 기억장소를 효율적으로 이용할 수 있으며, 연산 속도가 빨라진다.

2.7 문자 자료의 표현

우리가 일상생활에서 항상 사용하는 10진수, 문자, 혹은 기호 등을 어떤 약속된 다른 진수나 기호로 변환하여 나타내는 것을 코드화(coding)라 한다. 특히 10진수는 흔히 사용하는 것이나 디지털 시스템에서는 2진수가 사용되므로 10진수를 2진수로 변화하는 것을 2진화 10진 코드(BCD : binary-coded decimal) 혹은 인코딩(encoding)이라 하고 그 반대는 디코딩(decoding)이라 한다. 따라서 BCD는 10진수와 2진수의 두 성질을 갖는 것으로 코드 시스템의 대표적인 예이다. BCD는 10진수의 각 항을 2진수로 표시한 것으로, 2진 부호를 순수한 2진수로 사용하지 않고 2진수의 4자리수로서 10진법의 0, 1, 2, …, 9를 표현한 것이다.

이 중에서도 8421 코드가 제일 많이 사용된다. 2진수를 비롯하여 여러 BCD의 최소 단위 즉, 1 또는 0을 한 비트(Bit)라 하고, 8비트를 한 바이트(byte)로 나타내며, 몇 개의 바이트가 한 워드(word)를 만든다.

2진수로 코드화 했을 때 비트 위치가 일정한 값을 갖고 있는 것을 웨이티드 코드(weighted code : 하중 코드)라 하고 비트 위치의 값이 일정하지 않은 것을 언웨이티드 코드(unweighted code : 비하중 코드)라 한다.

이와 같이 코드화하는 것에 의하여 1과 0만을 인식할 수 있도록 하여 가감승제의 연산을 할 수 있게 하고, 정보의 고속 처리를 가능케 하는 것이다. 또한 비트의 구성상의 착오 발생에 대한 감시를 가능케 한다.

2.7.1 BCD 코드

2진화 10진 코드, 또는 6비트 BCD 코드라고도 하며, 숫자, 영문, 특수 문자를 코드화하기 위한 것으로 BCD 코드에다 2비트를 추가하여 나타낸 것이다. 즉 2^6이므로 64가지의 서로 다른 숫자, 영문자, 특수 문자를 나타낼 수 있다. 따라서, 기존의 BCD 코드 부분을 디지트 비트(digit bit)라 하고 추가한 2개의 비트를 존 비트(zone bit)라 하며, 가장 왼쪽에서는 코드의 오류를 검출하기 위해 패리티 비트(parity bit)를 둔다.

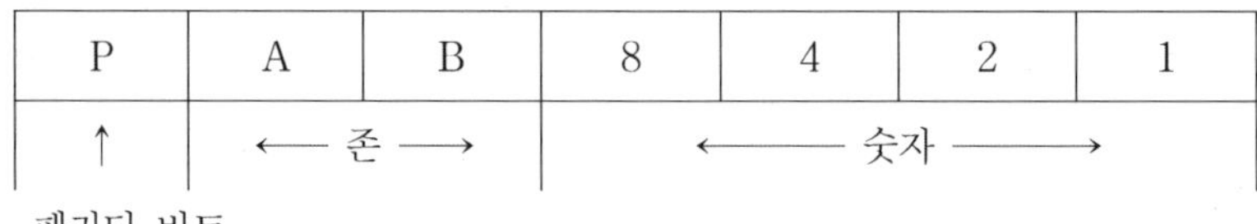

패리티 비트

00 : 숫자 0 ~ 9
01 : 영문자 A ~ I
10 : 영문자 J ~ R
01 : 영문자 S ~ Z

그림 2.9 BCD 코드의 구성

2.7.2 8421 코드

8421 코드는 BCD 코드의 대표적인 예로, BCD 코드라 하면 8421 코드를 의미한다. 이 BCD 코드, 즉 8421 코드는 표 2.4에서 보는 바와 같이 0에서 9까지의 10진수 각 자리를 이에 대응하는 2진수 4자리로 변환하여 나타낸 것이다.

이 8421 코드는 각각의 비트자리가 정해진 값을 가지고 있어 4비트의 맨 오른쪽부터 첫째 자리는 $2^0 = 1$, 둘째 자리는 $2^1 = 2$, 셋째 자리는 $2^2 = 4$, 넷째 자리는 $2^3 = 8$의 값을 가지게 되어 하중 코드라 하며, 이 코드는 4개의 자리가 각각 8, 4, 2, 1의 값을 가지고 있기 때문에 8421 코드라고 한다.

이미 언급한 바와 같이 4개의 비트로는 16개의 수($2^4 = 16$)를 표현할 수 있으나 8421 코드에서는 다만 이들 중 10개만 사용하는 것이다.

【표 2.4】 8421 코드

10진수	8 4 2 1
0	0 0 0 0
1	0 0 0 1
2	0 0 1 0
3	0 0 1 1
4	0 1 0 0
5	0 1 0 1
6	0 1 1 0
7	0 1 1 1
8	1 0 0 0
9	1 0 0 1

사용하지 않는 6개의 코드는 1010, 1011, 1100, 1110과 1111로서 BCD 코드에서는 무의미하며 이것이 16진수와 다른 점이다. 왜냐하면, 10진수의 한 자리를 2진수 4자리로 나타내려면 10진수의 최대값은 9이며, 8421 코드로는 반드시 4자리로 표현해야 하므로 1001이 되기 때문이다. 8421 BCD 코드의 주요 장점은 10진수와의 변환이 비교적 간편하다는 것이다. 따라서, 한 번에 10진수의 한 자리씩 변환해 나가므로 0에서 9까지의 10진에 대응한 2진수만 기억하고 있으면 된다.

표 2.5는 10진수와 2진수 및 BCD를 비교한 것이다.

【표 2.5】 10진수, 2진수 및 BCD 코드의 비교

10진수	2진수	BCD
141	10001101	0001 0100 0001
2179	100010000011	0010 0001 0111 1001

2.7.3 3초과 코드(Excess-3code)

BCD 코드 중에서 또 다른 중요한 것은 3초과 코드가 있다.

3초과 코드는 8421 코드보다 연산하기 쉬운 코드로서 그 이름이 표현하는 바와 같이 8421 코드에 2진수 $(11)_2$를 더하여 만든 코드이다. 10진수를 3초과 코드의 형태로 바꾸려면 각 10진 자리수에 3을 더해 주면 된다.

【표 2.6】 3초과 코드 대응표

10진수	3초과 코드	8421 코드
0	0011	0000
1	0100	0001
2	0101	0010
3	0110	0011
4	0111	0100
5	1000	0101
6	1001	0110
7	1010	0111
8	1011	1000
9	1100	1001
10	0100 0011	0001 0000
11	0100 0100	0001 0001
12	0100 0101	0001 0010
13	0100 0110	0001 0011
⋮	⋮ ⋮	⋮ ⋮
98	1100 1011	1001 1000
99	1100 1100	1001 1001
100	0100 0011 0011	0001 0000 0000

2.8 EBCDIC 코드

알파뉴메릭 데이터를 나타내는 데 사용되는 두 번째의 8비트 코드는 EBCDIC 코드이다. EBCDIC 코드는 "확장된 2진화 10진 코드(extended binary coded decimal interchange code)"라고도 하며, 현재 대부분의 컴퓨터에서 사용하고 있는 코드이다. EBCDIC 코드의 8비트를 1바이트라 하며, 각 바이트는 그림

2.10과 같이 존과 디지트의 두 부분으로 구분되며 그림에서 나타난 것처럼 EBCDIC 바이트의 0~3 비트는 존 부분으로 각각의 문자를 식별하는데 사용되며, 4~7비트는 숫자 비트(numeric 혹은 digit bit)로서 4비트 BCD 코드와 같은 성질을 갖는다.

존				숫자			
0	1	2	3	4	5	6	7

여 분 :	0	0	0	0	: 영문자 A – I
특수문자 :	0	1	0	1	: 영문자 J – R
소 문 자 :	1	0	1	0	: 영문자 S – Z
대 문 자 :	1	1	1	1	: 숫 자 0 – 9

(숫자의 표현)

그림 2.10 EBCDIC 코드에서 zone의 이용

예를 들어, "VISION"이라는 메시지를 EBCDIC 코드로 옮겨 보면,

11100101	11001001	11100010	11001001	11010110	11010101
V	I	S	I	O	N

이 된다. 이와 같이 각 문자는 8비트로 표현되는데, 16진수 형태로 쓰는 것이 훨씬 알아보기 쉽기 때문에, 대부분의 컴퓨터에서 기억장치의 내용을 볼 때는 16진수로 출력을 해주고 있다.

VISION을 표시해 보면

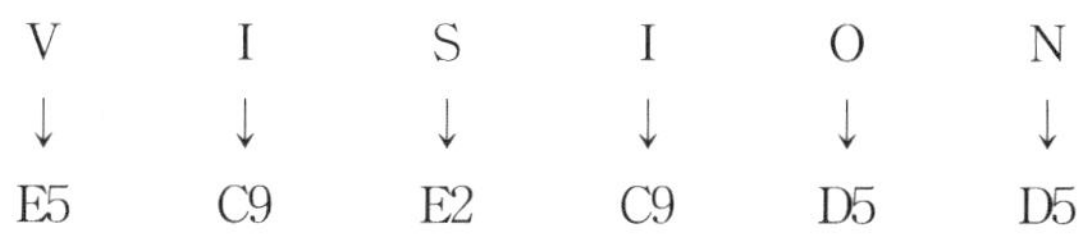

이 된다.

표 2.7은 EBCDIC 코드의 표현 방식이다.

【표 2.7】 EBCDIC 코드

b_1b_2 / b_3b_4 / $b_5b_5b_7b_8$	00				01				10				11			
	00	01	10	11	00	01	10	11	00	01	10	11	00	01	10	11
0000	NUL	DLE	DS		SP	&	-						{	}	\	0
0001	SOH	DC1	SOS				/		a	j	~		A	J		1
0010	STX	DC2	FS	SYN					b	k	s		B	K	S	2
0011	ETX	TM							c	l	t		C	L	T	3
0100	PF	RES	BYP	PN					d	m	u		D	M	U	4
0101	HT	NL	LF	RS					e	n	v		E	N	V	5
0110	LC	BS	ETB	UC					f	o	w		F	O	W	6
0111	DEL	IL	ESC	EOT					g	p	x		G	P	X	7
1000	GE	CAN							h	q	y		H	Q	Y	8
1001	RLF	EM							i	r	z		I	R	Z	9
1010	SMM	CC	SM			!	|	:							LVM	
1011	VT	CU1	CU2	CU3	.	$	,	#								
1100	FF	IFS		DC4	<	*	%	@								
1101	CR	IGS	ENQ	NAK	(	)	_	'								
1110	SO	IRS	ACK		+	;	>	=								
1111	SI	IUS	BEL	SUB	|	¬	?	"								

2.9 ASCII 코드

ASCII 코드는 미국 표준 코드(American Standard Code for Information Interchange)라고도 하며, 국제 표준 기구(ISO : International Standard Organization)에서 개발되었고 미국 국립 표준 연구소(ANSI : American National Standard Institute)에 의해 제정되었다. ASCII 코드는 7비트와 8비트의 두 종류가 있으며, 그림 2.11은 7비트 ASCII 코드의 구성 예이다.

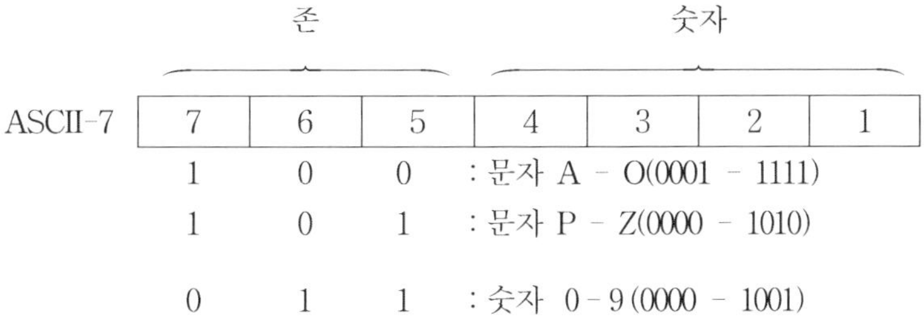

	존			숫자			
ASCII-7	7	6	5	4	3	2	1
	1	0	0	: 문자 A - O(0001 - 1111)			
	1	0	1	: 문자 P - Z(0000 - 1010)			
	0	1	1	: 숫자 0 - 9 (0000 - 1001)			

그림 2.11 ASCII 코드의 구성

8비트 ASCII 코드는 7비트 ASCII 코드에 1비트를 추가하여 만든 코드로서 ASCII-8 코드라고 하는데, 추가된 1비트는 패리티(parity) 비트로서 자료 전송 시에 발생하는 에러 검출을 위해 사용된다.

산업체에서 광범위하게 사용되고 있는 표준화된 코드는 8비트 코드로서 영문 알파벳의 소문자, 대문자의 모두를 쓸 수 있고 특수 문자와 30개 이상의 명령 혹은 제어 동작 등을 나타낼 수 있다.

7비트 ASCII 코드는 128개의 서로 다른 문자를 표시할 수 있는 코드로서 6비트 BCD 코드에서는 영어의 대문자와 소문자를 구별할 수 없으나, 7비트 코드에서는 그 구별이 가능하다.

ASCII 코드의 비트 번호는 EBCDIC 코드와는 달리 오른쪽에서 왼쪽으로 부여한다. 8비트 코드는 바이트(byte)단위 혹은 이의 정수 배의 단위로 기억장치에서 읽거나 저장시킬 수 있는 기계어에 적합한 코드이다.

표 2.8은 ASCII 코드를 표시한 것이다.

【표 2.8】 ASCII 코드

$b_4b_3b_2b_1$ \ $b_7b_6b_5$	000	001	010	011	100	101	110	111
0 0 0 0	NUL	DLE	SP	0	@	P	–	p
0 0 0 1	SOH	DC1	!	1	A	Q	a	q
0 0 1 0	STX	DC2	″	2	B	R	b	r
0 0 1 1	ETX	DC3	#	3	C	S	c	s
0 1 0 0	EOT	DC4	$	4	D	T	d	t
0 1 0 1	ENQ	NAK	%	5	E	U	e	u
0 1 1 0	ACK	SYN	&	6	F	V	f	v
0 1 1 1	BEL	ETB	′	7	G	W	g	w
1 0 0 0	BS	CAN	(	8	H	X	h	x
1 0 0 1	HT	EM	)	9	I	Y	i	y
1 0 1 0	LF	SUB	*	:	J	Z	j	z
1 0 1 1	VT	ESC	+	;	K	[	k	{
1 1 0 0	FF	FS	,	<	L	\	l	|
1 1 0 1	CR	GS		=	M	]	m	}
1 1 1 0	SO	RS	.	>	N	^	n	~
1 1 1 1	SI	US	/	?	O	←	o	DEL

2.10 자기 보수 코드

자기 보수 코드는 어떤 숫자의 보수의 조합이 그 숫자 조합의 보수와 일치한다는 특징을 갖기 때문에 매우 유용하다. 보수는 뺄셈을 할 때 감수를 보수로 만들어 더함으로써 이루어지므로 필요하며, 10진 연산의 경우에는 그 값을 9에서 뺌으로써 얻을 수 있다. 2진 코드의 경우에는 1의 보수를 취함으로써 얻을 수 있다.

표 2.9의 BCD 코드를 제외한 다른 네 가지 2진 코드는 BCD 코드에서 볼 수 없는 각각의 특징을 갖고 있다. 3초과 코드, 2421 코드, 84-2-1 코드는 모두 자기 보수 코드(self-complementary code)로서, 10진수의 9의 보수를 구하려면 표시된 코드값의 0과 1을 서로 바꾸면(complementary) 쉽게 구할 수 있다. 예

를 들어, 10진수 135는 2421 코드$(000100111011)_2$로 표시된다.

이것의 9의 보수 864는 $(111011000100)_2$로서 0은 1로, 1은 0으로 대치되어 쉽게 얻을 수 있다. 이와 같은 특징은 산술 연산이 10진수로 수행되어, 감산이 9의 보수를 구하여 계산될 때 유용하게 사용된다.

【표 2.9】 10진수를 표시하는 2진 코드

10진수	8421(BCD)	3초과 코드	84-2-1	2421	5043210 (biquinary)
0	0000	0011	0000	0000	0100001
1	0001	0100	0111	0001	0100010
2	0010	0101	0110	0010	0100100
3	0011	0110	1010	0011	0101000
4	0100	0111	0100	0100	0110000
5	0101	1000	1011	1011	1000001
6	0110	1001	1010	1100	1000010
7	0111	1010	1001	1101	1000100
8	1000	1011	1000	1110	1001000
9	1001	1100	1111	1111	1010000

이중 5코드(biquinary code)는 오류 검출 능력을 가진 7비트 코드이다. 이 코드의 각 숫자는 5개의 0과 2개의 1로 구성되어 있다. 한 지점에서 다른 지점으로 신호를 전송하는 도중에 1개 또는 여러 개의 비트가 값이 바꾸어지는 오류가 발생할 경우, 수신측의 회로는 1의 개수가 2개 이상(또는 이하) 존재하는 것을 검출할 수 있으며, 수신한 비트의 조합이 허용되는 코드 조합과 일치하지 않으면 오류를 검출하게 된다.

2.11 패리티 검사

디지털 컴퓨터에서 연속적인 데이터를 전송할 경우 착오가 발생하게 되는 경우가 있는데, 이러한 착오들이 디지털 시스템의 설계에 있어서 중요한 문제가 된다. 이러한 착오들의 검출을 위해서 패리티 비트(parity bit)를 사용한다. 일반적으로 착오 검출(error detection)을 위해서 사용되는 방법은 정보의 데이터에 한 개 또는 2개 이상의 비트를 추가하는 방법으로 이 추가되는 비트를 여분의 비트(redundancy bit)라 한다.

이와 같이 여분의 비트를 추가하는 방법 중 가장 간단하면서 일반적인 방법은 2진수로 된 한 코드에 0(odd : 홀수)이나 1(even : 기수)의 한 비트를 추가시켜서 코드 내 전체의 1의 비트 수를 기수 또는 우수 개가 되도록 만듦으로서 이 코드의 착오를 검출하는 것이다. 이때 1의 비트 수가 홀수이면 홀수 패리티(odd parity), 1의 비트 수가 짝수이면 짝수 패리티(even parity)가 된다. 이 패리티 비트는 맨 우측에 붙여서 사용한다.

여기에서, 짝수 패리티를 만들려면 한 코드의 1의 수가 짝수일 때는 0을, 홀수 패리티일 때는 1의 비트를 붙이고 홀수 패리티를 만들려면 한 코드의 1의 수가 홀수일 때는 0을, 짝수일 때는 1의 비트를 붙이면 된다.

【표 2.10】 홀수 패리티 비트와 짝수 패리티 비트

홀수 패리티		짝수 패리티	
데이터	패리티 비트	데이터	패리티 비트
0000	1	0000	0
0110	1	0110	0
1101	0	1101	1

2.12 수평-수직 패리티 검사

비트 패리티 검사로는 1비트의 에러는 검출할 수 있지만 2비트의 에러는 검출할 수 없다. 따라서, 이러한 문제를 해결하기 위해 수평-수직 패리티 검사(horizontal-vertical parity check)를 하게 된다. 패리티 비트는 수평방향의 에러를 검사하고, 패리티 워드는 수직방향의 에러를 검사하여 에러를 검출할 수 있다. 여기에서는 홀수 패리티 검사 방법을 사용하였다.

홀수 패리티가 틀림없는지를 보기 위하여 패리티 워드를 포함하여 각 워드를 점검한다. 패리티 워드는 각 칼럼의 비트를 홀수 패리티로 하기 위하여 한 비트씩 발생함으로써 7개의 데이터 워드로부터 형성된다.

데이터							패리티 비트	
0	1	1	1	1	0	0	1	
0	0	0	0	0	1	1	1	
1	0	0	0	1	1	1	1	
0	1	1	0	1	1	1	0	
0	0	1	1	0	0	0	1	
0	1	0	1	1	0	0	0	
1	1	1	1	0	0	0	1	
1	1	1	1	1	0	0	0	← 패리티 워드

예를 들면, 패리티 비트 및 패리티 워드를 갖는 데이터 블록에서 생기는 단일 에러는 다음과 같이 검출하게 된다. 패리티 에러는 5행 5열에서 검출되고 있음을 알 수 있다. 이렇게 검출되면 1을 바꾸어 컴퓨터에 저장하며, 더 이상 패리티 워드는 필요치 않으며 7개의 데이터 워드만을 저장한다. 비트 패리티는 컴퓨터 내부 메모리를 사용할 때, 에러 검출을 하기 위하여 보존한다.

					5번째 열 ↓				
	0	1	1	1	1	0	0	1	
	0	0	0	0	0	1	1	1	
	1	0	0	0	1	1	1	1	
	0	1	1	0	1	1	1	0	
5번째 행 →	0	0	1	1	1	0	0	1	← 패리티 에러 검출
	0	1	0	1	1	0	0	0	
	1	1	1	1	0	0	0	1	
	1	1	1	1	1	0	0	0	

그림 2.12 수평-수직 패리티 검사

2.13 에러 교정 코드

앞 절에서는 에러 검출 코드에 대하여 논의하였다. 에러 검출 코드에 있어서 단일 패리티 비트에 에러가 존재하는 것은 검출해 내지만 그 에러는 어느 비트에 있는지도 알지 못한다는 사실이다. 이와 같은 불합리한 점을 제거하고 오류의 발견은 물론 교정(error detection and correction)도 할 수 있는 코드가 해밍 코드(Hamming Code)이다. 이 코드는 패리티 비트를 정보 비트의 수에 따라 필요한 수만큼의 패리티 비트를 사용하고, 그 패리티 비트들은 적당한 장소에 위치하도록 한다. 해밍 코드는 한 개의 에러에 대해 검출하고 에러를 정정할 수 있기 때문에 단일 에러 교정(single error correction code)라고도 하며 다음과 같이 구성된다. 만약 정보(데이터) 비트의 수를 m으로 표시하면 그 때 필요한 패리티 비트 수 p는 아래 관계에 의해 결정된다.

$$2^{p} \geq m + p + 1 \qquad (1)$$

이 경우의 p값은 위의 식을 만족하고 4개의 정보 비트에 대해 3개의 패리티가 단일 에러 교정에 요구된다. 에러 검출과 교정은 코드 그룹에서 패리티와 정보에 대해 갖추어야 한다.

식 (1)에 의해 데이터 비트가 4개 bit일 때 필요한 패리티 비트는 3개가 되며, 가장 좌측의 비트를 Bit 1, 그 다음을 Bit 2 등으로 표시한다. 즉 Bit1, Bit2, Bit3, Bit4, Bit5, Bit6, Bit7 여기에서 패리티 비트는 2의 멱승(지수승) 즉 1, 2, 4에 대응되는 수의 자리에 위치하게 된다.

$$P_1,\ P_2,\ M_8,\ P_3,\ M_4,\ M_2,\ M_1$$

M_8, M_4, M_2, M_1은 데이터(8421 코드) 비트를 표시하며, 각 패리티 비트 P_1, P_2, P_3에 0, 1의 값을 적절하게 할당한다.

표 2.11은 해밍 코드를 표시하고 있다. 이 코드에서 1, 2, 4행에는 패리티 비트가 들어가고 3, 5, 6, 7행에는 정보비트가 8421 코드값이 들어간다. 해밍 코드의 패리티 체크 비트(parity check bit) 중에서 P_1, P_2, P_3는 각각 다음과 같은 기능을 한다.

1(P_1), 3, 5, 7에 대해서 짝수 또는 홀수 패리티 체크를 한다.

2(P_2), 3, 6, 7에 대해서 짝수 또는 홀수 패리티 체크를 한다.

4(P_4), 5, 6, 7에 대해서 짝수 또는 홀수 패리티 체크를 한다.

【표 2.11】 해밍 코드

10진수 \ 행번호 \ 비트의 의미	P_1	P_2	8	P_4	4	2	1
	1	2	3	4	5	6	7
0	0	0	0	0	0	0	0
1	1	1	0	1	0	0	1
2	0	1	0	1	0	1	0
3	1	0	0	0	0	1	1
4	1	0	0	1	1	0	1
5	0	1	0	0	1	1	0
6	1	1	0	0	1	1	0
7	0	0	0	1	1	1	1
8	1	1	1	0	0	0	0
9	0	0	1	1	0	0	1

예를 들어, 10진수 7(0111)에 대한 짝수 패리티를 사용하는 해밍 코드를 완성해 보자.

1(P_1), 3, 5, 7	:	[0]	0	1	1	←—— 짝수 패리티
2(P_2), 3, 6, 7	:	[0]	0	1	1	←—— 짝수 패리티
4(P_4), 5, 6, 7	:	[1]	1	1	1	←—— 짝수 패리티

이 코드에 에러가 발생하여 다음과 같이 내용이 변화하였다고 가정하기로 한다.

P_1	P_2	3	P_4	5	6	7
0	0	0	1	1	0	1

이 경우 에러를 검출하는 방법은 각각의 패리티 비트를 이용하면 다음과 같이 된다.

$1(P_1)$, 3, 5, 7	:	0	0	1	1
$2(P_2)$, 3, 6, 7	:	0	0	0	1
$4(P_4)$, 5, 6, 7	:	1	1	0	1

$(1\ 1\ 0)_2 = (6)_{10}$

이와 같이 패리티 체크 비트의 각 행을 체크하여 홀수이면 1(오류), 짝수이면 0(정상)으로 표현하여 에러를 나타낸다. 따라서, 이상과 같은 원리로 구해진 에러 비트의 위치를 지정하는 에러는 2진수 $(110)_2$으로 $(6)_{10}$이다. 그러므로 제 6행에서 오류가 발생했음을 알 수 있다. 따라서, 제 6행의 비트값을 0에서 1로 바꾸어 주면 교정이 되는 것이다.

해밍 코드는 오류 검출과 교정의 기능이 있으나, 이것을 위해서는 표시된 정보 이외에 패리티 비트가 다수 부가되어 전체 코드 길이가 길어지는 단점이 있다.

2.14 그레이 코드

그레이 코드(gray code)는 비하중 코드(unweighted code)이며, 산술식에는 부적합하지만, 전송, 입출력 장치, A/D 컨버터, 자료전송 및 다른 주변장치에 사용하면 편리하다.

그 이유는 표 2.12에서 보는 바와 같이 코드의 개개의 숫자는 서로 이웃하는 숫자와 비교할 때 1비트씩만 순서적으로 변하게 되어 입력 코드로 사용할 때 착오가 줄어들기 때문에 널리 사용된다. 표 2.12는 10진수 0에서 15까지의 그레이 코드를 나타내었다.

【표 2.12】 10진수 0~15까지 그레이 코드로 변환

10진수	2진수	그레이 코드
0	0 0 0 0	0 0 0 0
1	0 0 0 1	0 0 0 1
2	0 0 1 0	0 0 1 1
3	0 0 1 1	0 0 1 0
4	0 1 0 0	0 1 1 0
5	0 1 0 1	0 1 1 1
6	0 1 1 0	0 1 0 1
7	0 1 1 1	0 1 0 1
8	1 0 0 0	1 1 0 0
9	1 0 0 1	1 1 0 1
10	1 0 1 0	1 1 1 1
11	1 0 1 1	1 1 1 0
12	1 1 0 0	1 0 1 0
13	1 1 0 1	1 0 1 1
14	1 1 1 0	1 0 0 1
15	1 1 1 1	1 0 0 0

(1) 2진수를 그레이 코드로 변환하는 방법

2진수를 그레이 코드로 변환하는 방법은 다음과 같다.

① 2진수의 최상위 비트(MSB)는 그대로 그레이 코드의 제일 왼쪽 자리수가 된다.

② 다음에 오는 그레이 코드 디지트는 인접한 2비트를 비교하여 값이 같으면 0, 다르면 1로 쓴다.

③ ②의 과정을 반복하여 최하위 비트(LSB)까지 구할 수 있다.

예를 들어, 2진수 1011을 단계별로 그레이 코드로 바꾸어 보자.

(단계 1) 그레이 코드의 제일 왼쪽 2진 숫자는 제일 왼쪽의 2진수 비트와 같다.

```
1   0   1   1      2진수
↓
1                  그레이 코드
```

(단계 2) 가장 왼쪽의 2진 숫자와 그 다음 비트를 비교한다.

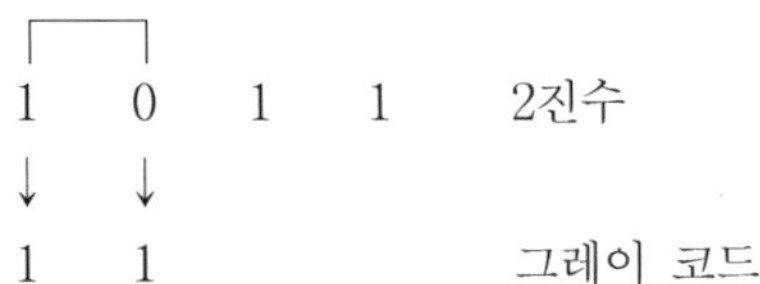

(단계 3) 그 다음 2개의 2진 숫자를 비교한다.

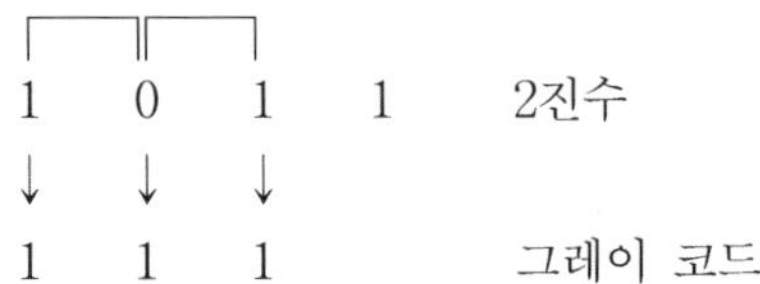

(단계 4) (단계 3)과 같은 요령으로 비교해 나간다.

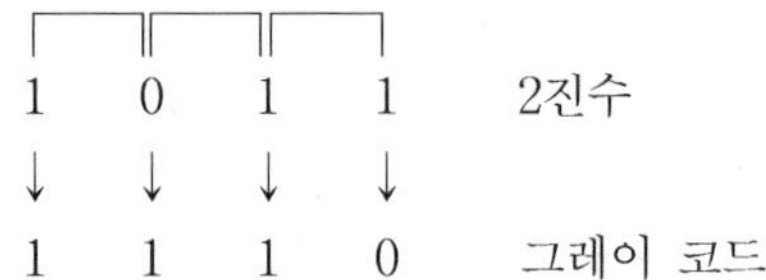

(2) 그레이 코드를 2진수로 변환하는 방법

그레이 코드를 2진수로 변환하려면, 2진수를 그레이 코드로 변환하는 방법과 비슷한 방법을 사용하면 된다. 다음은 그레이 코드 숫자 101110을 2진수로 바꾸는 예를 보인 것이다.

(단계 1) 제일 왼쪽의 자리수(MSB)는 그대로 쓴다.

```
1 0 1 0 0 0   그레이 코드
↓↗
1             2진수
```

(단계 2) (1)에 의해 생긴 2진수와 그레이 코드의 두 번째 비트를 비교하여 같으면 0, 다르면 1로 한다.

```
1  0  1  0  0  0    그레이 코드
↓↗↓↗
1  1                2진수
```

(단계 3) (단계 2)를 반복해 나간다.

```
1  0  1  0  0  0    그레이 코드
↓↗↓↗↓↗↓↗↓↗↓
1  1                2진수
```

C.H.A.P.T.E.R

03

디지털 논리게이트 및 Boole 대수

디지털 시스템의 설계 기초가 되는 2진 논리를 수학적 방법으로 해석하기 위하여 고안해 낸 것이 부울 대수(Boolean Algebra)이다.

부울 대수는 1847년에 영국의 수학자였던 부울(Boole)이 창안하였다. 부울 대수는 발표된 지 1세기가 지나도록 디지털 시스템에 이렇다 할 영향을 미치지 못하다가, 1938년 미국의 Bell 연구소의 샤논(Shannon)에 의한 스위칭 이론으로 발전하였다. 따라서, 샤논이 새로운 대수학을 전화통신용으로 스위칭 회로에 응용함으로써 널리 이용되게 되었다. 스위치는 일종의 2치 상태(on 또는 off)를 이용하는 장치이므로 샤논은 부울 대수를 써서 매우 복잡한 스위칭 회로를 해석하고 설계할 수 있었다.

이 장에서는 부울 대수, 부울 대수와 논리함수의 관계, 논리 회로의 기본 개념을 다루기로 한다.

3.1 부울 대수의 일반론

"한국은 4계절이 있다."라는 표현은 하나의 판단을 갖고 있는데 이와 같이 한 개의 판단 내용을 언어나 식 등의 기호에 의해서 표시하는 것을 명제라 한다. 한 개의 명제가 참(true)인가, 거짓(false)인가를 표시하는 것을 2치의 명제 논리 즉, 2치 논리라고 한다. 한 개의 문장이 명제가 성립되면 2치 논리를 포함하고 있지 않으면 안 된다.

2개 이상의 명제를 결합시켜서 새로운 명제를 만들어 낼 때 이것을 논리결합이라 하고 새로운 명제를 복합명제라고 한다.

일반적으로 각각의 명제를 A, B, C …, 복합명제를 F로 표시하면 논리결합은

Z = F(A, B, C …)

와 같이 수학적으로 표시한다. 이때 Z를 논리함수 A, B, C를 논리변수(부울변수라고도 함)라 한다. 또한, 어떤 명제에 대하여 만약 그 명제가 참이라면 "1", 거짓이라면 "0"이라고 약속할 때, 그 명제에 대하여 "1"이나 "0"을 진리치(true value)라고 한다. 이때 0과 1은 수학적 의미는 없고 단지 기호로만 쓰일 뿐이다.

또한, 단일 명제로 된 모든 진리치를 조합시켰을 때 복합명제가 되는 진리치를 표시하는 것을 진리표라 한다.

진리표는 논리함수의 검토나 부울 대수의 정리 증명 및 논리 회로 설계 등에 사용되므로 매우 중요한 것이다.

표 3.1에 진리표를 만드는 법을 표시하였다.

【표 3.1】 진리표 만드는 법

A	Z
0	
1	

(a) 1변수

A B	Z
0 0	
0 1	
1 0	
1 1	

(b) 2변수

A B C	Z
0 0 0	
0 0 1	
0 1 0	
0 1 1	
1 0 0	
1 0 1	
1 1 0	
1 1 1	

(c) 3변수

3.2 부울 대수의 기본적인 개념

부울 대수는 어떤 부호를 사용하든지 그 부호가 나타낼 수 있는 값은 오직 2치의 값 즉, "1"과 "0"밖에 없다. 또한, 부울 대수의 결과는 논리적인 상태를 나타내는 의미만 있을 뿐이고 수치의 뜻은 없다.

따라서, 명제는 일반대수에서는 숫자적인 의미가 부여되지만, 부울 대수에서는 단순히 "참, 또는 거짓"만을 나타내는 논리적인 의미 밖에는 없는 것이다. 부울 대수는 NOT{ −, ', Inverse, 보수, complement}, AND{ ·, ∩, ∧, 교집합} 그리고 OR{+, ∪, ∨, 합집합} 등의 수학적 기호를 이용하여 표현을 단순화하고, 계산을 쉽게 한다.

3.2.1 부울 대수의 기본 연산

부울 대수에서 취급하는 논리 변수는 "0"과 "1"의 두 종류이다. 이 논리 변수의 조합에 따라 여러 가지 논리함수가 이루어지나 가장 기본적인 논리연산은 부정(NOT), 논리합(OR), 논리곱(AND)의 세 종류이다. 논리 연산의 조작은 2진법의 연산과 유사하고, 2진법의 연산 법칙이 적용된다. 여기서는 일곱 종류의 연산 법칙을 설명하기로 한다.

(1) NOT(부정, Inverter) 게이트

부정의 동작은 논리적 1이나 0을 0이나 1로 바꾸어 주는 것이다. 만약 논리 변수를 A라 하면 이 변수의 부정은 $\overline{A}$(A의 NOT 혹은 A bar라고 읽는다.)의 관계가 있을 때 $\overline{A}$는 A의 부정 또는 보수(complement)라 한다. NOT 게이트의 논리 회로 및 진리표는 그림 3.1에 나타내었다.

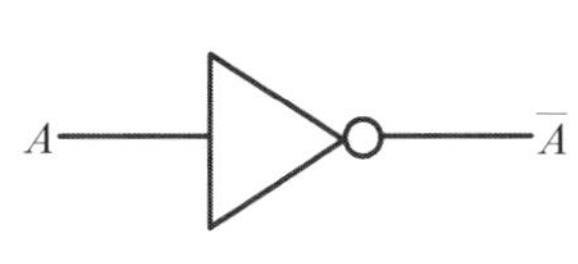

입력	출력
A	$\overline{A}$
0	1
1	0

(0 : 거짓 또는 OFF, 1 : 참 또는 ON)
게이트 논리기호에서 ○은 부정을 의미함
그림 3.1 NOT 게이트의 논리 회로 및 진리표

(2) OR(논리합) 게이트

논리합은 두 개의 명제 A, B가 있고 A, B 중에 적어도 어느 한 쪽만 "참"이어도 논리결합이 "참"이 되는 논리함수를 A, B의 OR(논리합)라고 한다. 논리합(OR)는 A + B라고 쓰고 A 합 B라고 읽는다. 그림 3.2에 OR 게이트의 논리 회로 및 진리표를 나타내었다.

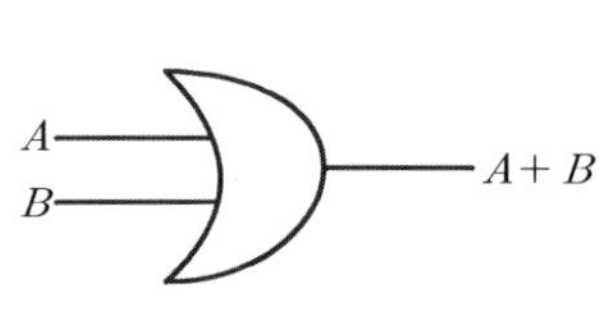

입력		출력
A	B	$A+B$
0	0	0
0	1	1
1	0	1
1	1	1

(0 : 거짓 또는 OFF, 1 : 참 또는 ON)

그림 3.2 OR 게이트의 논리 회로 및 진리표

(3) AND(논리곱) 게이트

논리곱은 2개의 명제 A, B가 있고 모두 "참"일 때만 논리결합이 "참"이 되는 논리함수를 A, B의 논리적(AND)이라고 한다. 또한 이것을 A · B라 쓰며 A 곱 B라고 읽는다. 논리곱의 연산의 결과는 다음 4종류만 적용된다. 그림 3.3에 AND 게이트의 논리 회로 및 진리표를 나타내었다.

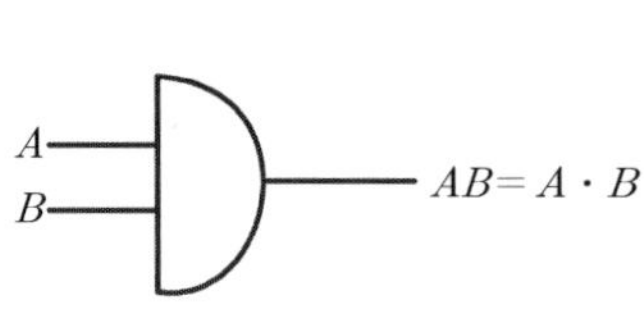

입력		출력
A	B	$A \cdot B$
0	0	0
0	1	0
1	0	0
1	1	1

(0 : 거짓 또는 OFF, 1 : 참 또는 ON)

그림 3.3 AND 게이트의 논리 회로 및 진리표

(4) NOR 게이트

NOR 게이트는 OR 게이트와 NOT 게이트를 결합한 게이트로 입력이 모두 0일 때만 출력이 1이 되며, OR 게이트와 반대이다.

그림 3.4에 NOR 게이트의 논리 회로 및 진리표를 나타내었다.

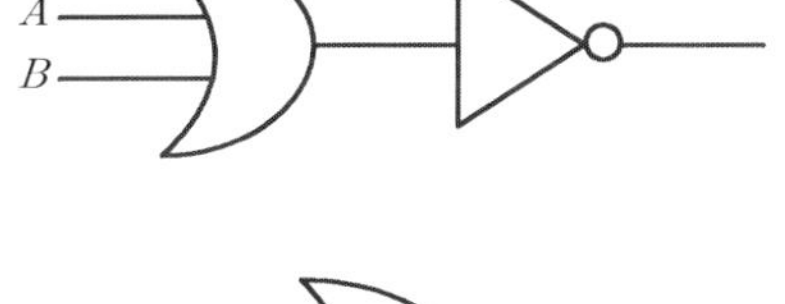

입력		출력
A	B	$\overline{A+B}$
0	0	1
0	1	0
1	0	0
1	1	0

(0 : 거짓 또는 OFF, 1 : 참 또는 ON)

그림 3.4 NOR 게이트의 논리 회로 및 진리표

(5) NAND 게이트

NAND 게이트는 OR 게이트와 AND 게이트를 결합한 게이트로 입력이 모두 1일 때만 출력이 0이 되고, 나머지 입력 조합에 대해서는 출력이 1이 되며, AND 게이트와 반대이다.

그림 3.5에 NOR 게이트의 논리 회로 및 진리표를 나타내었다.

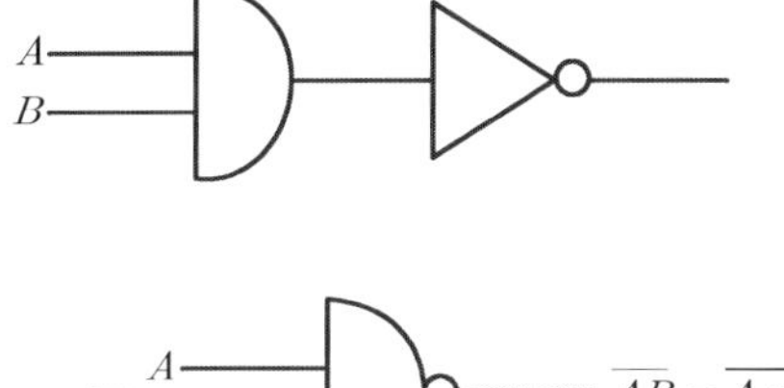

입력		출력
A	B	$\overline{A \cdot B}$
0	0	1
0	1	1
1	0	1
1	1	0

(0 : 거짓 또는 OFF, 1 : 참 또는 ON)

그림 3.5 NAND 게이트의 논리 회로 및 진리표

(6) Exclusive OR(XOR) 게이트

배타적 OR(XOR) 게이트는 입력값이 서로 다를 때, 또는 입력의 1의 개수가 홀수일 때 출력이 1이 되며, 그림 3.6에 XOR 게이트의 논리 회로 및 진리표를 나타내었다.

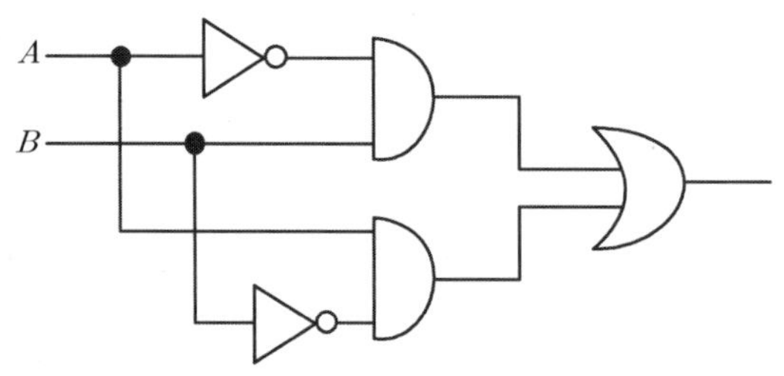

$$= \overline{A}B + A\overline{B} = A \oplus B$$

입력		출력
A	B	$A \oplus B$
0	0	0
0	1	1
1	0	1
1	1	0

(0 : 거짓 또는 OFF, 1 : 참 또는 ON)

그림 3.6 XOR 게이트의 논리 회로 및 진리표

(7) Exclusive NOR(XNOR) 게이트

배타적 NOR(XNOR) 게이트는 배타적 OR(XOR) 게이트와 반대로 입력값이 서로 같을 때만 출력이 1이 되며, 그림 3.7에 XNOR 게이트의 논리 회로 및 진리표를 나타내었다.

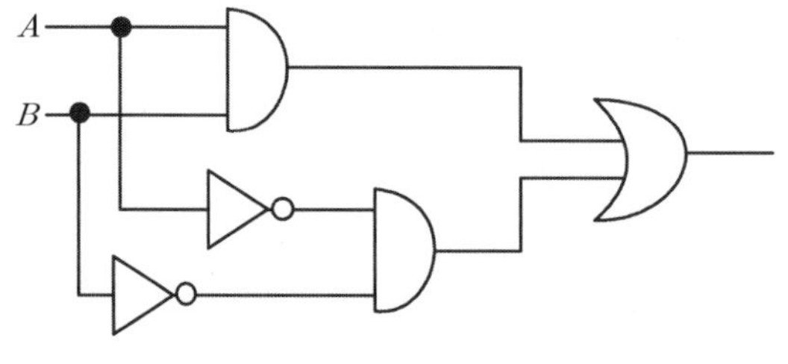

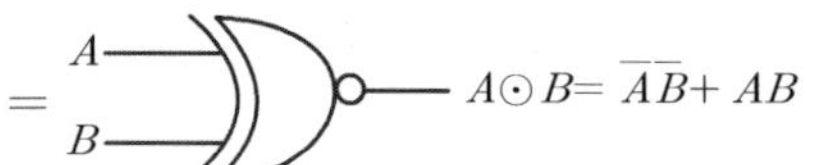

입력		출력
A	B	$A \odot B$
0	0	1
0	1	0
1	0	0
1	1	1

(0 : 거짓 또는 OFF, 1 : 참 또는 ON)

$$XNOR = \overline{\veebar}$$

$$= \overline{(\overline{A}B + A\overline{B})}$$

$$= (\overline{A} + \overline{B}) \cdot (\overline{A} + \overline{B})$$

$$= (A + \overline{B}) \cdot (\overline{A} + B)$$

$$= A\overline{A} + AB + \overline{A}\,\overline{B} + B\overline{B}$$

$$= AB + \overline{A}\,\overline{B}$$

그림 3.7 XNOR 게이트의 논리 회로 및 진리표

논리 함수	논리 게이트 기호	진 리 표	부울함수표현	의 미
NOT (inverter)	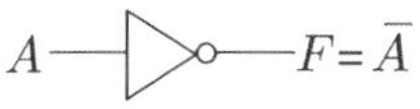 A — $F=\overline{A}$	A | $\overline{A}$ 0 | 1 1 | 0	$F=\overline{A}$	논리 부정
AND	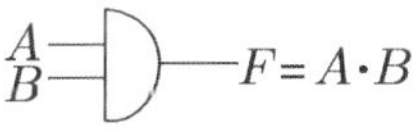 A, B — $F=A \cdot B$	AB | $A \cdot B$ 00 | 0 01 | 0 10 | 0 11 | 1	$F=A \cdot B$	논리곱
NAND	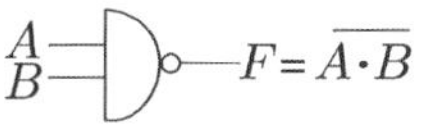 A, B — $F=\overline{A \cdot B}$	AB | $\overline{A \cdot B}$ 00 | 1 01 | 1 10 | 1 11 | 0	$F=\overline{A \cdot B}$	부정 논리곱
OR	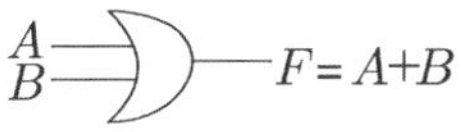 A, B — $F=A+B$	AB | $A+B$ 00 | 0 01 | 1 10 | 1 11 | 1	$F=A+B$	논리합
NOR	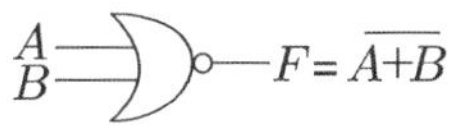 A, B — $F=\overline{A+B}$	AB | $\overline{A+B}$ 00 | 1 01 | 0 10 | 0 11 | 0	$F=\overline{A+B}$	부정 논리합

Exclusive OR(XOR)	A, B → F = A⊕B	<table><tr><th>AB</th><th>A⊕B</th></tr><tr><td>00</td><td>0</td></tr><tr><td>01</td><td>1</td></tr><tr><td>10</td><td>1</td></tr><tr><td>11</td><td>0</td></tr></table>	$F = A \oplus B$	배타적 논리합
Exclusive NOR (XNOR)	A, B → F = $\overline{A \odot B}$	<table><tr><th>AB</th><th>A⊙B</th></tr><tr><td>00</td><td>1</td></tr><tr><td>01</td><td>0</td></tr><tr><td>10</td><td>0</td></tr><tr><td>11</td><td>1</td></tr></table>	$F = \overline{A \oplus B}$ $= A \odot B$	배타적 부정 논리합

그림 3.8 디지털 논리 게이트

3.3 부울 대수의 정리

복잡한 부울식을 부울 대수의 공리와 정리를 이용하여 복잡한 디지털 회로를 간단한 모양으로 바꿀 수 있다. 여기에서는 디지털 회로의 기능을 나타내거나, 함수가 주어졌을 때, 간략화 할 수 있는 부울 대수의 공리와 정리를 소개한다.

3.3.1 부울 대수의 논리연산 공리

【표 3.2】 부울 대수의 공리와 정리

공 리	$X+0=X$	$X \cdot 0=0$
공 리	$X+\overline{X}=1$	$X \cdot \overline{X}=0$
정 리	$X+X=X$	$X \cdot X=X$
정 리	$X+1=1$	$X \cdot 1=X$
정 리(이중부정)	$(\overline{\overline{X}})=X$	

정　　리(교환)	$X+Y=Y+X$	$X \cdot Y=Y \cdot X$
정　　리(결합)	$X+(Y+Z)=(X+Y)+Z$	$X \cdot (Y \cdot Z)=(X \cdot Y) \cdot Z$
공　　리(분배)	$X \cdot (Y+Z)=X \cdot Y+X \cdot Z$	$X+Y \cdot Z=(X+Y) \cdot (X+Z)$
정　　리(흡수)	$X+X \cdot Y=X$	$X \cdot (X+Y)=X$
정리(드 모르간)	$(\overline{X+Y})=\overline{X} \cdot \overline{Y}$	$\overline{X \cdot Y}=\overline{X}+\overline{Y}$

※ 공리(公理 : axiom)
- 이론의 기초로서 가정한 명제
- 조건없이 전제된 명제

※ 정리(定理 : theorem)
- 가정으로부터 증명된 명제

표 3.2의 부울 대수의 공리와 정리를 스위치 회로를 이용하여 증명해 보자.

① $X+0=X$와 $X \cdot 0=0$

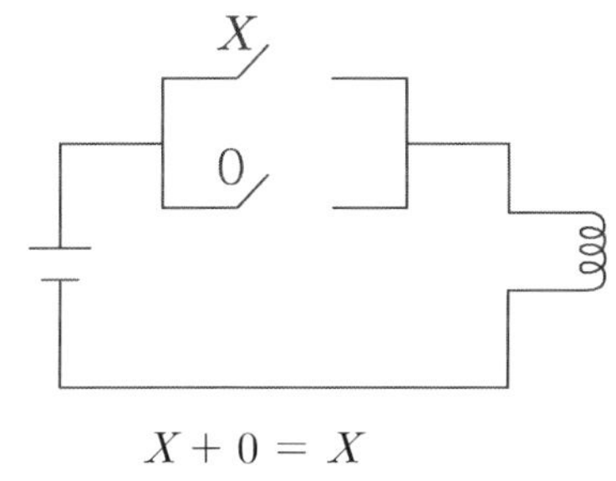

$X+0=X$

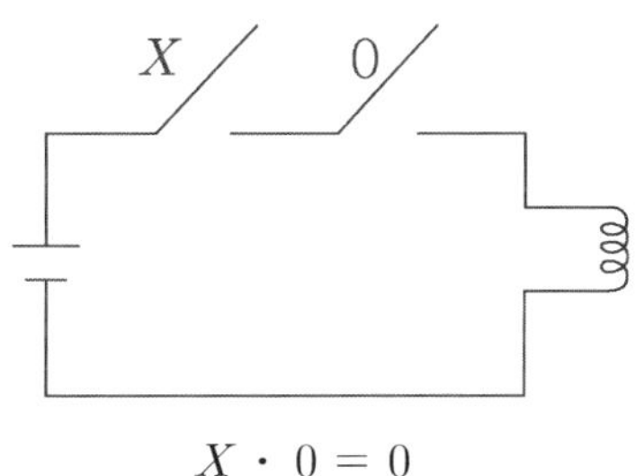

$X \cdot 0=0$

② $X+\overline{X}=1$과 $X \cdot \overline{X}=0$

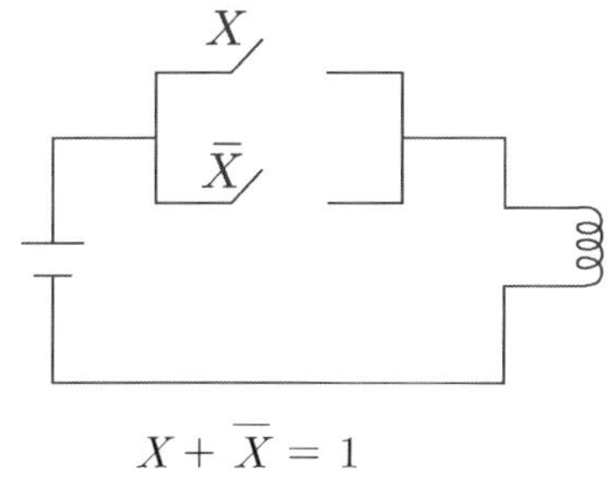

$X+\overline{X}=1$

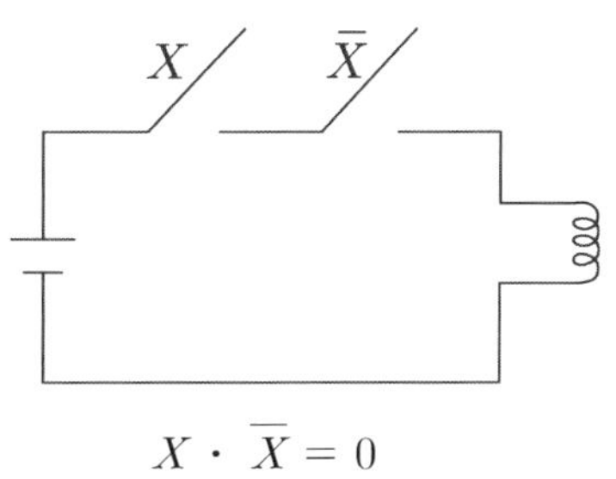

$X \cdot \overline{X}=0$

③ $X+X=X$와 $X \cdot X=X$

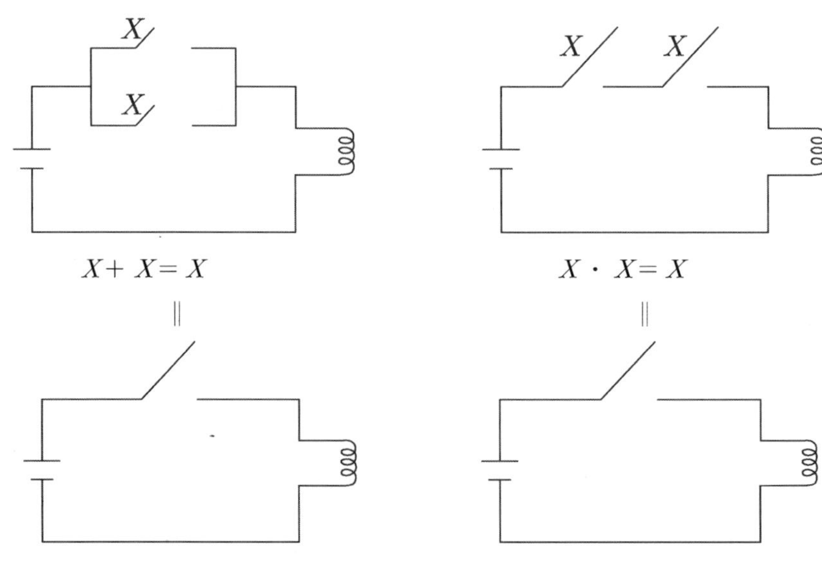

④ $X+1=1$과 $X \cdot 1=X$

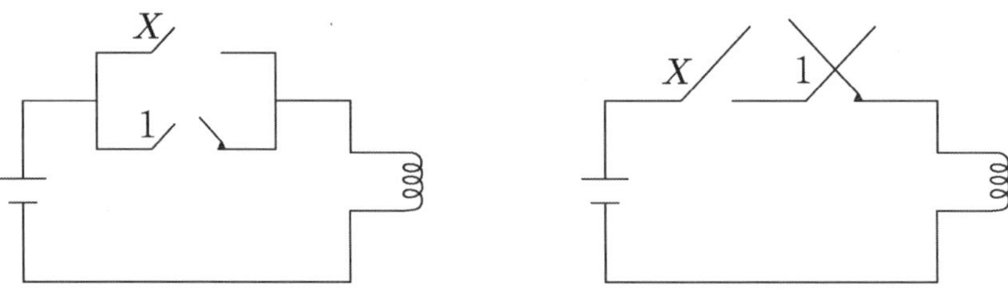

⑤ $X+X \cdot Y=X(1+Y)=X \cdot 1=X$

⑥ $X \cdot (X+Y)=XX+XY=X+XY=X(1+Y)=X \cdot 1=X$

부울 대수에서 연산의 우선 순위를 나타내면 다음과 같다.

① 연산의 순서는 부정(NOT), 논리곱(AND), 논리합(OR)의 순이다.

② 괄호의 우선 순위는 대수의 법칙에 따른다.

③ 부호의 연산은 이항할 수 없고, 통분할 수 없다.

④ 변수 또는 함수의 기호로 표시되는 값은 반드시 '0' 또는 '1'의 어느 한쪽 만의 값을 가진다.

예제1 $Z = A + AB$를 간략화하시오.

$$Z = A + AB$$
$$= A(1 + B)$$
$$= A$$

예제2 $Z = A \cdot (A + B)$를 간략화하시오.

$$Z = A \cdot (A + B)$$
$$= AA + AB$$
$$= A + AB$$
$$= A(1 + B)$$
$$= A$$

예제3 $Z = A + BC + B\overline{C}$를 간략화하시오.

$$Z = A + BC + B\overline{C}$$
$$= A + B(C + \overline{C})$$
$$= A + B$$

예제4 $Z = (A + B)(A + C)$를 간략화하시오.

$$Z = (A + B) \cdot (A + C)$$
$$= AA + AC + AB + BC$$
$$= A + AC + AB + BC$$
$$= A(1 + C) + AB + BC$$
$$= A + AB + BC$$

$$= A(1+B)+BC$$

$$= A+BC$$

예제 5 $Z = A + \overline{A}B$를 간략화하시오.

$$Z = A + \overline{A}B = (A+\overline{A}) \cdot (A+B) \quad \leftarrow \text{컨센서스 이론}$$

$$= 1 \cdot (A+B)$$

$$= A+B$$

예제 6 $Z = ABC + A\overline{B}C + AB\overline{C}$를 간략화하시오.

$$Z = ABC + A\overline{B}C + AB\overline{C} = AB(C+\overline{C}) + A\overline{B}C$$

$$= AB + A\overline{B}C$$

$$= A(B + \overline{B}C)$$

$$= A(B+\overline{B})(B+C)$$

$$= A(B+C)$$

$$= AB + AC$$

예제 7 $Z = \overline{A}BC + A\overline{B}C + AB\overline{C} + ABC$를 간략화하시오.

$$Z = \overline{A}BC + A\overline{B}C + AB\overline{C} + ABC = \overline{A}BC + A\overline{B}C + AB(C+\overline{C})$$

$$= \overline{A}BC + A\overline{B}C + AB$$

$$= \overline{A}BC + A(\overline{B}C + B)$$

$$= \overline{A}BC + A(B+C)$$

$$= B(\overline{A}C + A) + AC$$

$$= B(A+C) + AC$$

$$= AB + AC + BC$$

3.3.2 컨센서스 이론

컨센서스 이론은 부울 대수식에서 어떠한 항을 더하여도 식의 값이 변하지 않는 것으로 부울 대수식의 공리와 정리를 이용하여 논리식을 간략화하는데 있다.

$$A+\overline{A}B=(A+AB)+\overline{A}B \qquad : A+AB=A(1+B)$$

$$=(AA+AB)+\overline{A}B$$

$$=AA+AB+A\overline{A}+\overline{A}B$$

$$=(A+\overline{A})(A+B)$$

$$=1\cdot(A+B)$$

$$=(A+B)$$

위의 부울 대수식의 간략화에서 알 수 있듯이, 부울 대수식 내의 2개의 항에서 어떤 변수가 한 개의 항에는 그 변수로 주어지고, 다른 항에는 그 변수의 보수 형태로 주어졌을 때, 위의 부울 대수식의 간략화할 수 있음을 알 수 있으며, $(A+\overline{A})$를 컨센서스 항이라 한다.

또 다른 예로 $AB+\overline{A}C+BC$를 컨센서스 이론을 적용하여 간략화하면

$$AB+\overline{A}C+BC=AB+\overline{A}C+(A+\overline{A})BC$$

$$=(AB+ABC)+(\overline{A}C+\overline{A}BC)$$

$$=AB(1+C)+\overline{A}C(1+B)$$

$$=AB+\overline{A}C$$

가 되며, 제거된 항 BC를 컨센서스 항이라 한다.

3.4 드 모르간의 정리

드 모르간의 정리(De-Morgan's Theorem)는 NOR와 NAND를 취급하는데 사용되는 2가지 중요한 정리가 있다.

이 정리를 수식으로 표현하면 다음과 같다.

(1) 제 1 정리

A + B의 전체 부정은 A와 B의 각각의 부정의 곱과 같다.

$$\overline{A+B} = \overline{A} \cdot \overline{B}$$

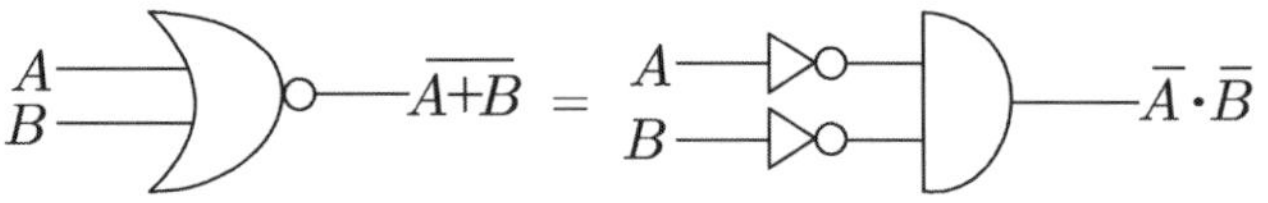

그림 3.9 드 모르간의 제 1 정리

(2) 제 2 정리

A · B의 전체 부정은 A와 B 각각의 부정의 합과 같다.

$$\overline{A \cdot B} = \overline{A} + \overline{B}$$

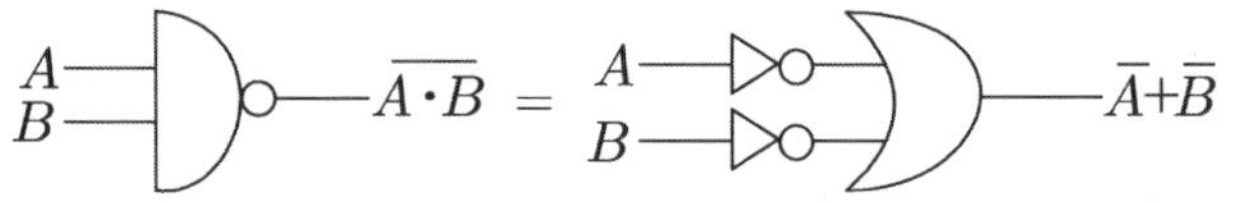

그림 3.10 드 모르간의 제 2 정리

드 모르간의 정리를 진리표를 이용하여 증명하면 다음 표 3.3과 같다.

【표 3.3】 드 모르간 정리의 진리표

A	B	$\overline{A}$	$\overline{B}$	$A\cdot B$	$A+B$	$\overline{A+B}$	$\overline{A}\cdot\overline{B}$	$\overline{A\cdot B}$	$\overline{A}+\overline{B}$
0	0	1	1	0	0	1	1	1	1
0	1	1	0	1	0	0	0	1	1
1	0	0	1	1	0	0	0	1	1
1	1	0	0	1	1	0	0	0	0

드 모르간의 정리는 변수를 확장하여 일반화해도 항상 등식이 성립한다. 또한 부울식 사이의 변환 절차는 다음과 같은 4단계이다.

① 모든 OR는 AND로, AND는 OR로 바꾼다.

② 각 변수의 부정을 취한다.

③ 논리변수의 문자는 그대로 사용한다.

예제 8 $Z=\overline{\overline{\overline{A}+B}+(CD)}$를 느 모르간의 정리를 이용하여 논리식을 변환하시오.

$$
\begin{aligned}
Z &= \overline{\overline{\overline{A}+B}+(CD)} \\
&= (\overline{A}+B)\cdot CD \\
&= \overline{A}\,CD+BCD
\end{aligned}
$$

예제 9 $Z=\overline{\overline{A\cdot B+C}+\overline{A}\cdot\overline{B}+D}$를 드 모르간의 정리를 이용하여 논리식을 변환하시오.

$$
\begin{aligned}
Z=\overline{\overline{A\cdot B+C}+\overline{A}\cdot\overline{B}+D} &= \overline{\overline{A\cdot B+C}}\cdot\overline{\overline{A}\cdot\overline{B}+D} \\
&= (A\cdot B+C)\cdot\overline{(\overline{A}\cdot\overline{B})}\cdot\overline{D} \\
&= (A\cdot B+C)\cdot(\overline{\overline{A}}+\overline{\overline{B}})\cdot\overline{D} \\
&= (A\cdot B+C)\cdot(A+B)\cdot\overline{D}
\end{aligned}
$$

예제10 다음을 드 모르간의 정리를 이용하여 간략화하시오.

① $Z=\overline{AB+CD}$

② $Z=\overline{\overline{AB}C}$

③ $Z=\overline{(A+B+C)(CD)}$

① $Z=\overline{AB+CD} = \overline{AB}\cdot\overline{CD}$

$=(\overline{A}+\overline{B})\cdot(\overline{C}+\overline{D})$

② $Z=\overline{\overline{AB}C}$

$=\overline{\overline{AB}}+\overline{C}$

$=AB+\overline{C}$

③ $Z=\overline{(A+B+C)(CD)}$

$=\overline{\overline{(A+B+A)}}+\overline{(CD)}$

$=(A+B+C)+(\overline{C}+\overline{D})$

3.5 연산 회로

디지털 시스템에서 연산 회로는 중요한 기능을 하며, 여러 가지 논리 게이트를 조합하여 구성할 수 있다. 제어장치의 지시에 따라 데이터의 각종 연산 처리를 하는 회로로 가산기, 감산기 등이 있다.

3.5.1 반 가산기

디지털 시스템에서 여러 가지 산술 연산(사칙 연산) 중에서 기본이 두 개의 비트를 서로 산술적으로 가산하는 연산 회로이다.

반 가산기(HA : Half Adder)는 2개의 한 자리의 2진수 A, B를 가산할 경우, 합 S(Sum)와 자리 올림수 C(Carry)가 동시에 발생하는 회로이다. 반 가산의 조합을 표시하면 표 3.4와 같은 진리표를 얻을 수 있으며, 여기서, S는 합이며, C는 자리 올림수이다.

진리표로부터 논리식을 구하면

$$S = \overline{A}B + A\overline{B}$$

$$= A \oplus B \qquad \text{(배타적논리합)}$$

$$C = AB \qquad \text{(논리곱)}$$

로 된다. 그림 3.11은 반 가산기의 논리 회로를 나타낸다.

【표 3.4】 반 가산기의 진리표

입력변수		출력변수	
A	B	S	C
0	0	0	0
0	1	1	0
1	0	1	0
1	1	0	1

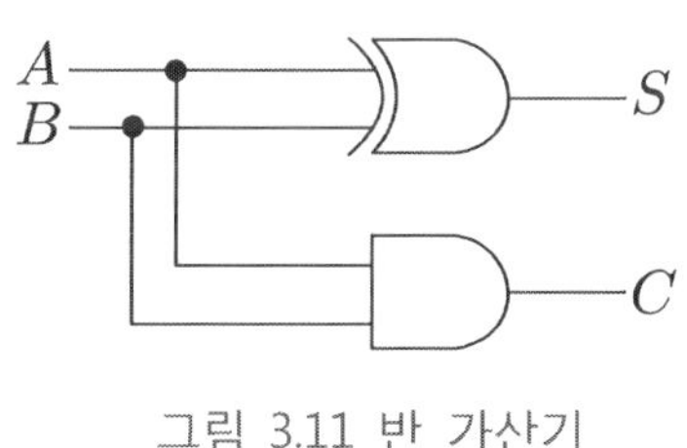

그림 3.11 반 가산기

3.5.2 전 가산기

각 입력 변수 A와 B 두 개의 비트를 가지고 가산을 할 때에는 이전 단계에서 발생한 자리올림수를 함께 가산해야 하므로 입력 변수가 3개가 되어야 하는데, 반 가산기에서는 입력 변수가 2개 밖에 없으므로 온전한 연산이 불가능하다. 따라서, 입력 변수가 3개를 가지는 연산 회로가 필요한데 이를 전가산기라 하며, 전 가산기(FA : Full Adder)는 세 개의 입력 비트의 합을 구하는 회로로서 진리표는 표 3.5와 같으며, C_i는 하위로부터 자리올림을 하고 출력 중 C는 다음 자리로 올라가는 캐리(carry)이다.

【표 3.5】 전 가산기의 진리표

입 력 변 수			출 력 변 수	
A	B	C_i	S	C
0	0	0	0	0
0	0	1	1	0
0	1	0	1	0
0	1	1	0	1
1	0	0	1	0
1	0	1	0	1
1	1	0	0	1
1	1	1	1	1

표 3.5의 진리표에 의한 논리식은 다음과 같다.

$$
\begin{aligned}
S &= \overline{A}\,\overline{B}C_i + \overline{A}B\overline{C_i} + A\overline{B}\,\overline{C_i} + ABC_i \\
&= (\overline{A}B + A\overline{B})\overline{C_i} + (\overline{A}\,\overline{B} + AB)C_i \\
&= (A \oplus B)\overline{C_i} + (\overline{A \oplus B})C_i \\
&= A \oplus B \oplus C_i
\end{aligned}
$$

$$
\begin{aligned}
C &= \overline{A}BC_i + A\overline{B}C_i + A\overline{B}\,\overline{C_i} + ABC_i \\
&= (\overline{A}B + A\overline{B})C_i + AB(\overline{C_i} + C_{i)} \\
&= AB + (A \oplus B)C_i
\end{aligned}
$$

또한, 위 식들을 간략화하면 그림 3.13과 같이 반 가산기 회로 2개와 OR 게이트 1개를 사용하여 나타낸다.

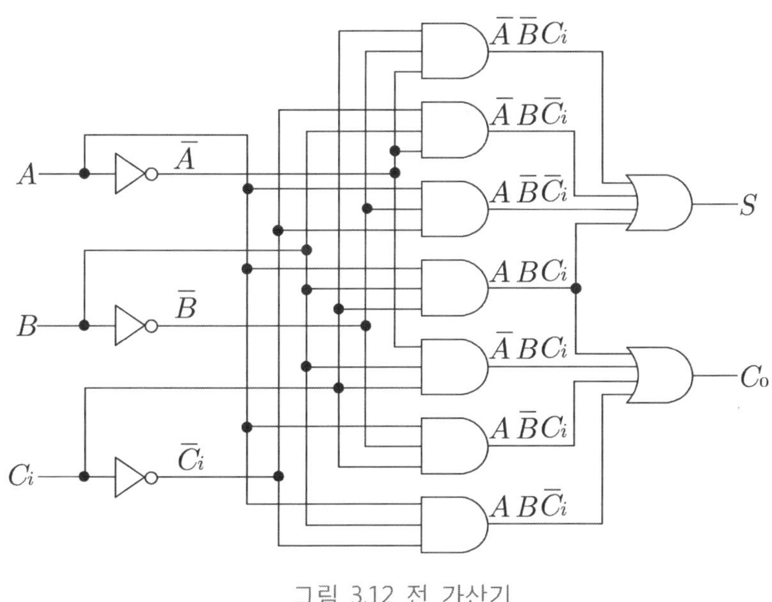

그림 3.12 전 가산기

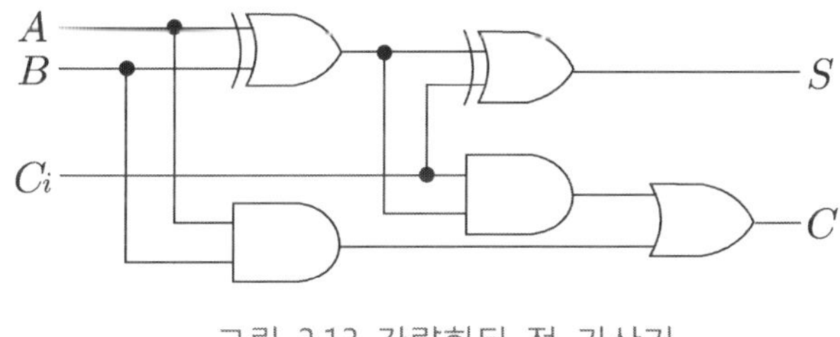

그림 3.13 간략화된 전 가산기

3.5.3 반 감산기

감산을 하는 데는 보수를 사용하는 방법 외에 2진수의 감산을 사용할 수 있다. 반 감산기(HS : Half Subtracter)의 진리표를 표 3.6에 나타낸다.

【표 3.6】 반 감산기의 진리표

입력변수		출력변수	
A	B	D	B_0
0	0	0	0
0	1	1	1
1	0	1	0
1	1	0	0

$$D = \overline{A}B + A\overline{B}$$
$$= A \oplus B$$

$$B_0 = \overline{A}B$$

진리표에서 알 수 있듯이 입력 A와 B가 같을 때 그 차는 '0'이고 입력 A, B가 서로 다를 때 그 차는 '1'이 된다. 따라서, 이러한 출력을 얻으려면 배타적 OR 회로를 쓰면 된다. 둘째 번 빌림에 해당하는 출력값은 A가 '0'이고 B가 '1'일 때만 '1'이 되므로 이 빌림은 A와 B의 AND연산을 하면 된다. 그림 3.14는 반 감산기의 회로를 나타내었다.

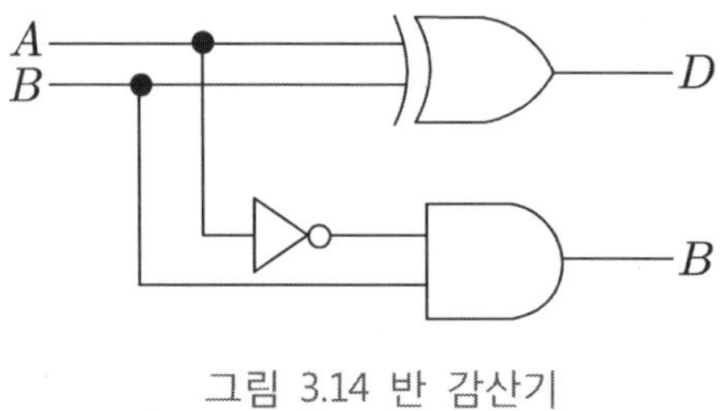

그림 3.14 반 감산기

3.5.4 전 감산기

반 감산기에는 한 번에 2비트씩만 취급하므로 최하위끼리의 뺄셈에 쓰인다. 따라서, 상위 자리에 있는 비트들의 뺄셈을 하려면 전 감산기(FS : Full subtracter)

가 필요하다. 그림 3.16은 전 감산기를 나타내는 데 2개의 반 감산기와 OR 회로가 쓰이고 있다.

【표 3.7】 전 감산기의 진리표

입 력 변 수			출 력 변 수	
A	B	B_i	D	B_0
0	0	0	0	0
0	0	1	1	1
0	1	0	1	1
0	1	1	0	1
1	0	0	1	0
1	0	1	0	0
1	1	0	0	0
1	1	1	1	1

$$D = \overline{A}\,\overline{B}B_i + \overline{A}B\overline{B_i} + A\overline{B}\,\overline{B_i} + ABB_i$$

$$= \overline{A}(\overline{B}B_i + B\overline{B_i}) + A(\overline{B}\,\overline{B_i} + BB_i)$$

$$= \overline{A}(B \oplus B_{i)} + A(\overline{B \oplus B_i})$$

$$= A \oplus B \oplus B_i$$

$$B = \overline{A}\,\overline{B}B_i + \overline{A}B\overline{B_i} + \overline{A}BB_i + ABB_i$$

$$= (\overline{A}\,\overline{B} + AB)B_i + \overline{A}B(\overline{B_i} + B_i)$$

$$= (\overline{A \oplus B})B_i + \overline{A}B$$

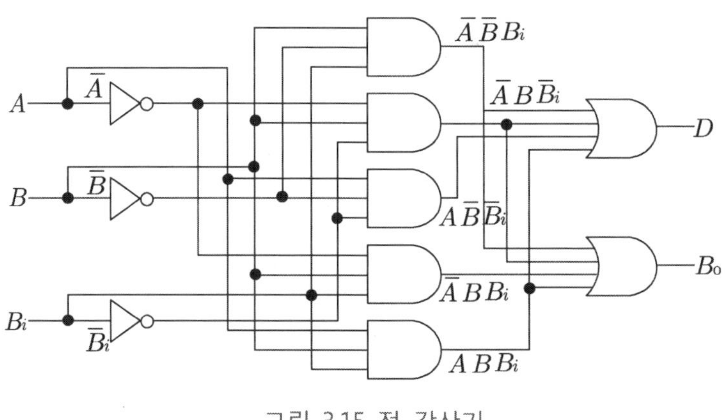

그림 3.15 전 감산기

또한, 위 식들을 간략화하면 그림 3.16과 같이 반 감산기 2개와 OR 게이트 1개를 사용하여 나타낼 수 있다.

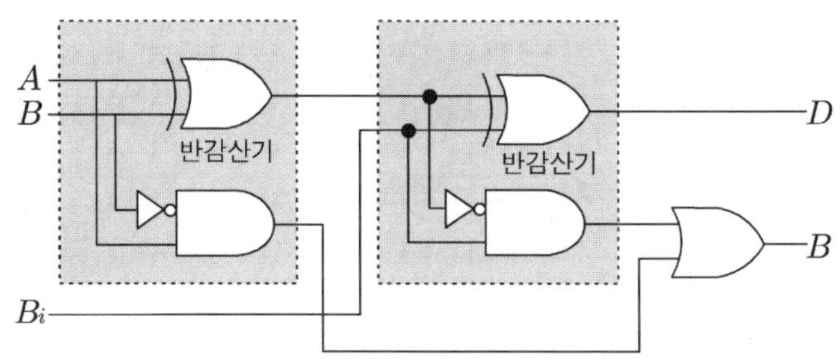

그림 3.16 간략화된 전 감산기

3.6 디코더(Decoder)

n개의 2진 정보를 2^n개의 서로 다른 정보로 바꾸어주는 조합논리 회로이다.

2×4 디코더는 2개의 입력과 4개의 출력으로 구성되는데, 2개의 입력 2진 정보를 4개의 출력선으로 변환하는 회로이며, 주어진 입력 조합에 대해 단지 하나의 출력만이 1을 갖는다.

2×4 디코더의 진리표와 회로는 다음과 같다.

【표 3.8】 2×4 디코더의 진리치표

입 력		출 력			
A	B	Z_0	Z_1	Z_2	Z_3
0	0	1	0	0	0
0	1	0	1	0	0
1	0	0	0	1	0
1	1	0	0	0	1

위 진리치표로부터 2×4 디코더에 대한 조합논리 회로는 다음과 같다.

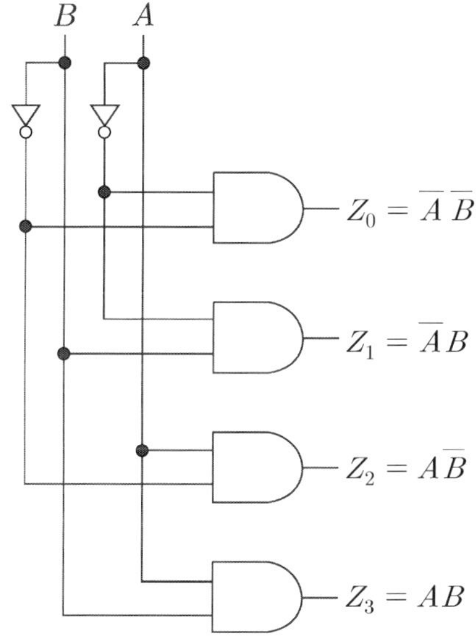

3.6.1 BCD-10진 디코더

2진 코드 4자리를 사용하여 10진수 1자리를 나타내는 경우, 이것을 보통 2진화 10진수(BCD) 코드 또는 8421 코드라 부른다. 표 3.9는 BCD-10진 디코더의 진리표이다.

2진 코드 4비트는 16가지로 조합하여 표현할 수 있는데, 10진수 10에서 15(2진수 1010에서 1111)까지를 사용하지 않기 때문에 6개의 don't care 조건이 존재한다.

이 회로는 10개의 출력을 갖고 있으므로, 그 출력 함수들을 간략화하기 위해서는 출력함수 각각에 대하여 카르나 맵을 작성할 필요가 있다. 여기에는, 앞에서 언급한 6개의 don't care값을 출력함수의 각각을 간략화할 때 넣어야 한다.

【표 3.9】 BCD-10진 디코더의 진리치표

입력					출력									
10진수	A	B	C	D	0	1	2	3	4	5	6	7	8	9
0	0	0	0	0	1	0	0	0	0	0	0	0	0	0
1	0	0	0	1	0	1	0	0	0	0	0	0	0	0
2	0	0	1	0	0	0	1	0	0	0	0	0	0	0
3	0	0	1	1	0	0	0	1	0	0	0	0	0	0
4	0	1	0	0	0	0	0	0	1	0	0	0	0	0
5	0	1	0	1	0	0	0	0	0	1	0	0	0	0
6	0	1	1	0	0	0	0	0	0	0	1	0	0	0
7	0	1	1	1	0	0	0	0	0	0	0	1	0	0
8	1	0	0	0	0	0	0	0	0	0	0	0	1	0
9	1	0	0	1	0	0	0	0	0	0	0	0	0	1

따라서, BCD-10진 디코더를 설계하기 위해서는 0에서 9까지 카르나도를 그려 간략화하면 다음과 같다.

CD \ AB	$\overline{A}\,\overline{B}$	$\overline{A}B$	AB	$A\overline{B}$
$\overline{C}\,\overline{D}$	1		×	
$\overline{C}D$			×	
CD			×	×
$C\overline{D}$			×	×

$0 = \overline{A}\,\overline{B}\,\overline{C}\,\overline{D}$

CD \ AB	$\overline{A}\,\overline{B}$	$\overline{A}B$	AB	$A\overline{B}$
$\overline{C}\,\overline{D}$			×	
$\overline{C}D$	1		×	
CD			×	×
$C\overline{D}$			×	×

$1 = \overline{A}\,\overline{B}\,\overline{C}\,D$

CD \ AB	$\overline{A}\,\overline{B}$	$\overline{A}B$	AB	$A\overline{B}$
$\overline{C}\,\overline{D}$			×	
$\overline{C}D$			×	
CD			×	×
$C\overline{D}$	1		×	×

$2 = \overline{B}\,C\,\overline{D}$

CD \ AB	$\overline{A}\,\overline{B}$	$\overline{A}B$	AB	$A\overline{B}$
$\overline{C}\,\overline{D}$			×	
$\overline{C}D$			×	
CD	1		×	×
$C\overline{D}$			×	×

$3 = \overline{B}\,C\,D$

CD \ AB	$\overline{A}\,\overline{B}$	$\overline{A}B$	AB	$A\overline{B}$
$\overline{C}\,\overline{D}$		1	×	
$\overline{C}D$			×	
CD			×	×
$C\overline{D}$			×	×

$4 = B\,\overline{C}\,\overline{D}$

CD \ AB	$\overline{A}\,\overline{B}$	$\overline{A}B$	AB	$A\overline{B}$
$\overline{C}\,\overline{D}$			×	
$\overline{C}D$		1	×	
CD			×	×
$C\overline{D}$			×	×

$5 = B\,C\,\overline{D}$

CD \ AB	$\overline{A}\,\overline{B}$	$\overline{A}B$	AB	$A\overline{B}$
$\overline{C}\,\overline{D}$			×	
$\overline{C}D$			×	
CD			×	×
$C\overline{D}$		1	×	×

$6 = B\,C\,\overline{D}$

CD \ AB	$\overline{A}\,\overline{B}$	$\overline{A}B$	AB	$A\overline{B}$
$\overline{C}\,\overline{D}$			×	
$\overline{C}D$			×	
CD		1	×	×
$C\overline{D}$			×	×

$7 = B\,C\,D$

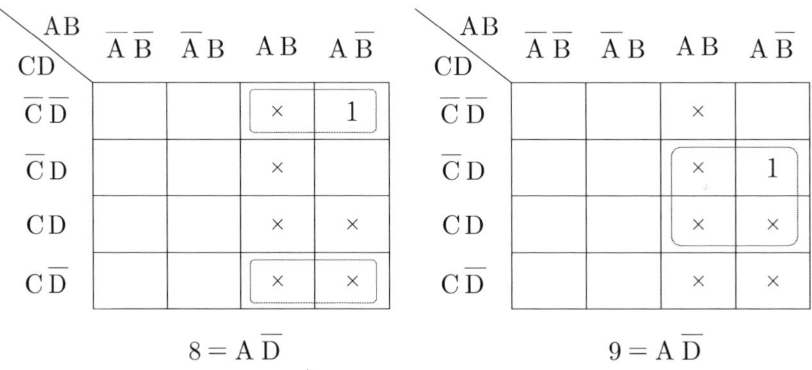

그림 3.17 2×4 디코더의 회로

따라서, BCD-10진 디코더 회로는 그림 3.18과 같다.

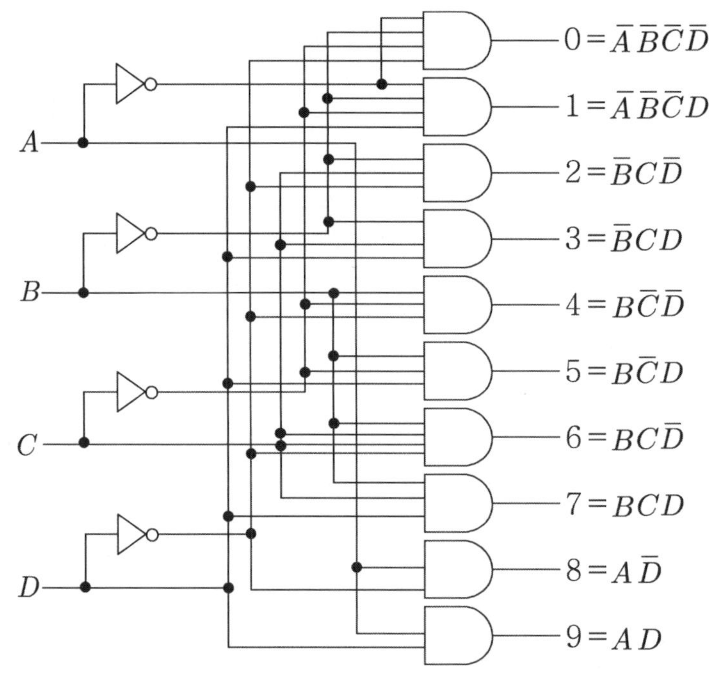

그림 3.18 BCD-10진 디코더

3.6.2 BCD - 7 세그먼트 디코더

7 세그먼트 디스플레이 소자는 LCA, LED 등으로 구성되며 논리함수식으로부터 BCD-7 세그먼트 구동회로를 설계할 수 있다.

그림 3.19는 7 세그먼트의 레이아웃과 0~9까지의 숫자를 표시하는 메트릭스이다. 여기에서 디스플레이 소자의 각 세그먼트는 특정한 숫자를 표시하기 위해서 세그먼트를 0으로 한다.

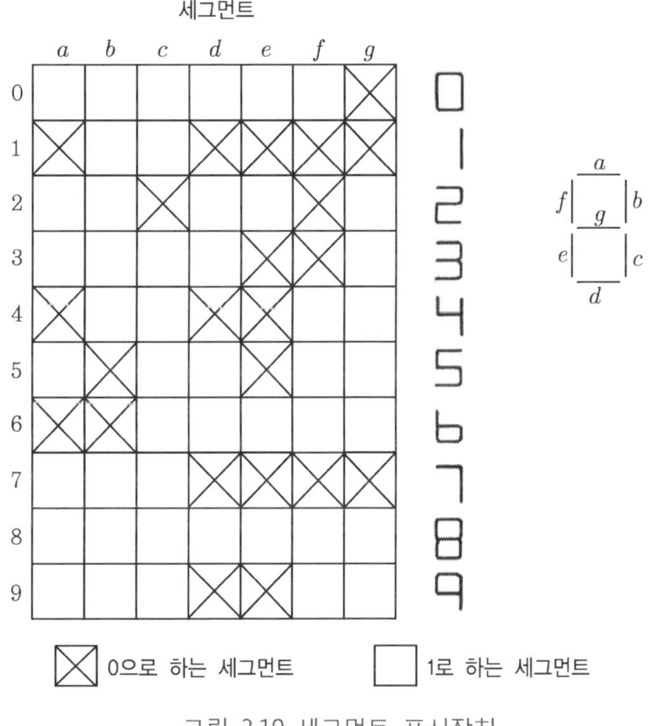

그림 3.19 세그먼트 표시장치

그림 3.19의 7 세그먼트를 이용하여 논리 회로는 4개의 입력으로 7개의 출력을 얻어 이들을 각각 7 세그먼트의 각 소자에 연결하여 2진 입력에 해당하는 10진수의 각 소자를 표시하도록 하여 표시가 된 경우 논리값을 1로 가정하여 진리표를 작성하면 표 3.10과 같다.

【표 3.10】 7 세그먼트 진리표

	BCD 코드				7-세그먼트 출력						
10진수	W	X	Y	Z	a	b	c	d	e	f	g
0	0	0	0	0	1	1	1	1	1	1	0
1	0	0	0	1	0	1	1	0	0	0	0
2	0	0	1	0	1	1	0	1	1	0	1
3	0	0	1	1	1	1	1	1	0	0	1
4	0	1	0	0	0	1	1	0	0	1	1
5	0	1	0	1	1	0	1	1	0	1	1
6	0	1	1	0	1	0	1	1	1	1	1
7	0	1	1	1	1	1	1	0	0	1	0
8	1	0	0	0	1	1	1	1	1	1	1
9	1	0	0	1	1	1	1	1	0	1	1
10	dont't care										
11											
12											
13											
14											
15											

10진수 0 즉 BCD 코드 0000을 나타내기 위해서는 소자중 g를 제외한 모든 소자가 1이 되어야 한다. 같은 방법으로 1~9까지의 7 세그먼트 진리표를 작성하고 10진수 10에서 15까지는 표시할 수 없으므로 don't care 상태로 하여 7개의 각 출력에 대해 카르나도를 이용하여 간략화하면 다음과 같다.

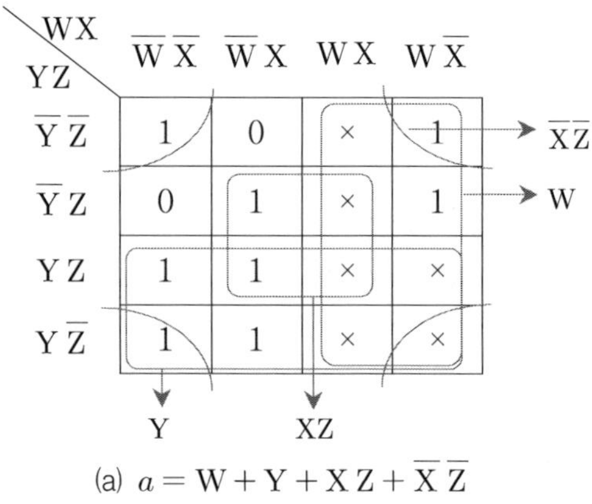

(a) $a = W + Y + XZ + \overline{X}\,\overline{Z}$

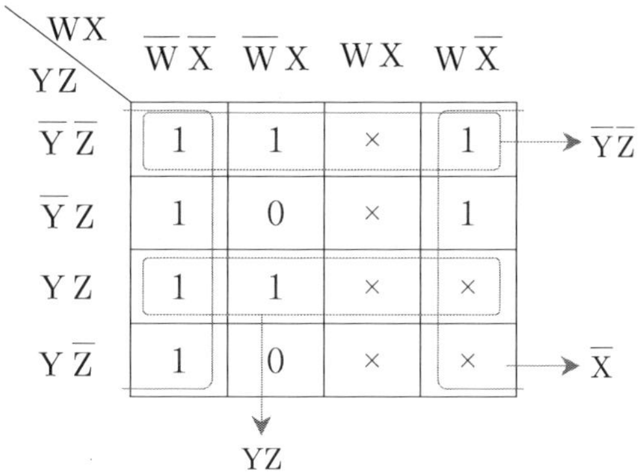

YZ \ WX	$\overline{W}\,\overline{X}$	$\overline{W}X$	WX	$W\overline{X}$
$\overline{Y}\,\overline{Z}$	1	1	×	1
$\overline{Y}Z$	1	0	×	1
YZ	1	1	×	×
$Y\overline{Z}$	1	0	×	×

$\overline{Y}\,\overline{Z}$, $\overline{X}$, YZ

(b) $b = \overline{X} + YZ + \overline{Y}\,\overline{Z}$

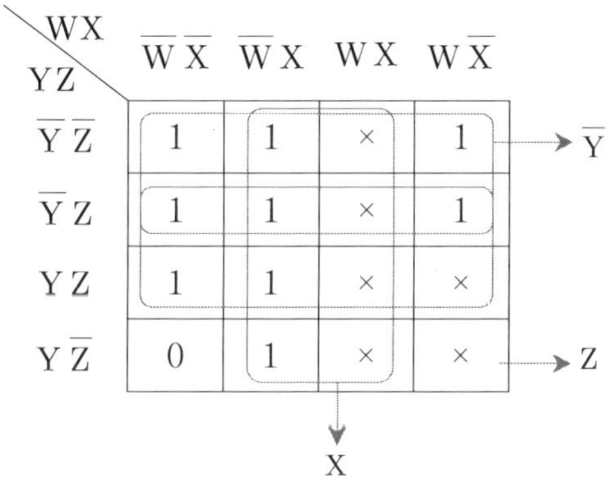

YZ \ WX	$\overline{W}\,\overline{X}$	$\overline{W}X$	WX	$W\overline{X}$
$\overline{Y}\,\overline{Z}$	1	1	×	1
$\overline{Y}Z$	1	1	×	1
YZ	1	1	×	×
$Y\overline{Z}$	0	1	×	×

$\overline{Y}$, Z, X

(c) $c = X + \overline{Y} + Z$

YZ \ WX	$\overline{W}\,\overline{X}$	$\overline{W}X$	WX	$W\overline{X}$
$\overline{Y}\,\overline{Z}$	1	0	×	1
$\overline{Y}Z$	0	1	×	1
YZ	1	0	×	×
$Y\overline{Z}$	1	1	×	×

(d) $d = W + \overline{W}Y + \overline{X}\,\overline{Z} + Y\overline{Z} + X\overline{Y}Z$

YZ \ WX	$\overline{W}\,\overline{X}$	$\overline{W}X$	WX	$W\overline{X}$
$\overline{Y}\,\overline{Z}$	1	0	×	1
$\overline{Y}Z$	0	0	×	0
YZ	0	0	×	×
$Y\overline{Z}$	1	1	×	×

(e) $e = \overline{X}\,\overline{Z} + Y\overline{Z}$

YZ \ WX	$\overline{W}\,\overline{X}$	$\overline{W}X$	WX	$W\overline{X}$
$\overline{Y}\,\overline{Z}$	1	1	×	1
$\overline{Y}Z$	0	1	×	1
YZ	0	1	×	×
$Y\overline{Z}$	0	1	×	×

(f) $f = W + X + \overline{Y}\,\overline{Z}$

YZ \ WX	$\overline{W}\,\overline{X}$	$\overline{W}X$	WX	$W\overline{X}$
$\overline{Y}\,\overline{Z}$	0	1	×	1
$\overline{Y}Z$	0	1	×	1
YZ	1	0	×	×
$Y\overline{Z}$	1	1	×	×

(g) $g = W + W\overline{Y} + \overline{X}Y + Y\overline{Z}$

각 출력들에 대한 간략화된 부울식을 이용하여 BCD-7 세그먼트 디코더를 설계하면 다음 그림 3.20과 같다.

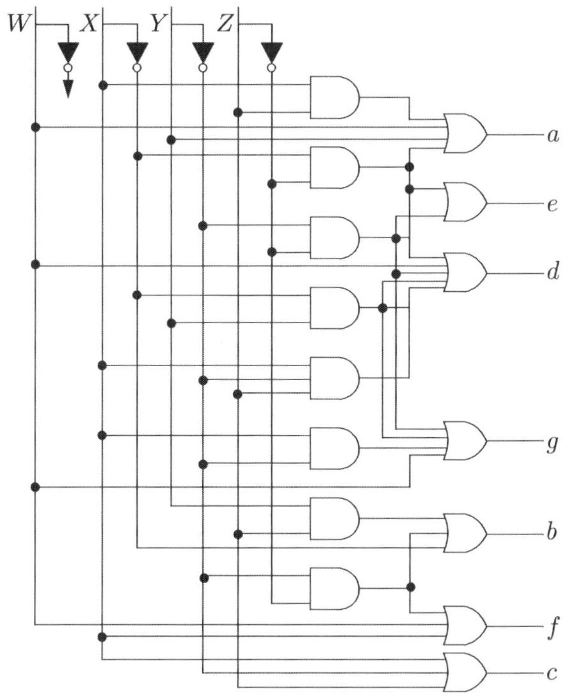

그림 3.20 BCD-7 세그먼트 디코더

3.7 멀티플렉서

멀티플렉서(MUX : Multiplexer)는 다수의 입력 데이터 중에서 1개의 입력을 선택하여 출력선에 연결하는 조합회로를 말하며, $2^n \times 1$ 멀티플렉서는 2^n 입력 중에서 n개의 선택선에 의해 1개의 출력을 가지는 조합회로이다.

【표 3.11】 4×1 멀티플렉서의 진리치표

S_1	S_0	Z
0	0	I_0
0	1	I_1
1	0	I_2
1	1	I_3

위 진리치표로부터 4×1 멀티플렉서에 대한 조합 논리 회로는 다음과 같다.

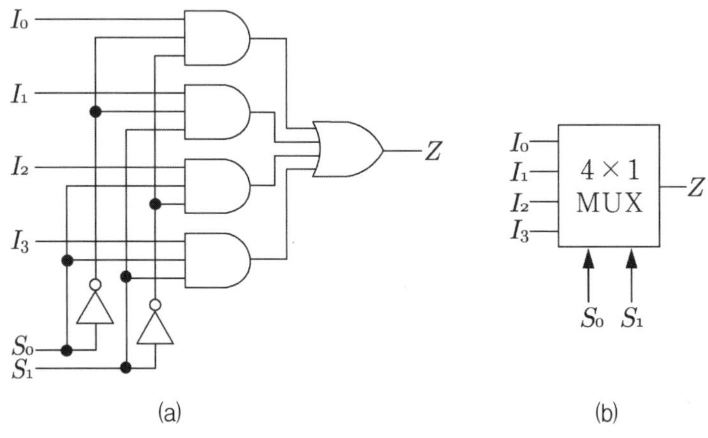

그림 3.21 4×1 멀티플렉서

3.8 디멀티플렉서

디멀티플렉서(Demultiplexer, DEMUX)는 멀티플렉서의 반대적 역할을 하는 조합회로이며, 하나의 입력선으로부터 정보를 받아 n개의 선택선에 의해 2^n 개의 출력선 중 하나로 정보를 출력한다.

【표 3.12】 1×4 디멀티플렉서의 진리치표

S_1	S_0	Z
0	0	Z_0
0	1	Z_1
1	0	Z_2
1	1	Z_3

위 진리치표로부터 1×4 디멀티플렉서에 대한 조합 논리 회로는 다음과 같다.

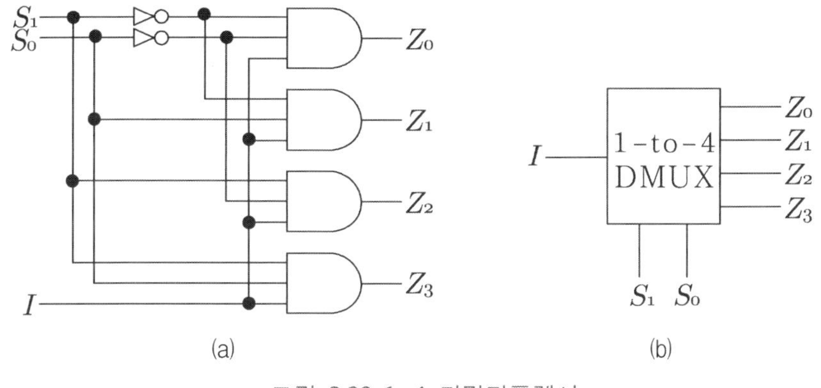

그림 3.22 1×4 디멀티플렉서

3.9 비교기

두 개의 수에 대한 크기를 비교 판단하는 회로를 비교기라 한다. 이 비교기는 서로 다른 2진수의 1bit에 대해 상대적 크기를 비교하여 판난하는 조합회로이다.

【표 3.13】 두 개의 2진수 1 bit에 대한 비교

입력		출력		
A	B	A>B	A=B	A<B
0	0	0	1	0
0	1	0	0	1
1	0	1	0	0
1	1	0	1	0

그림 3.23에서 A > B, A = B 및 A < B의 3가지 조건에 대한 부울식을 나타내면 다음과 같다.

A>B 일 때, $A\overline{B}$

A = B 일 때, $\overline{A}\,\overline{B} + AB = A \odot B = \overline{A \oplus B}$

A < B 일 때, $\overline{A}B$

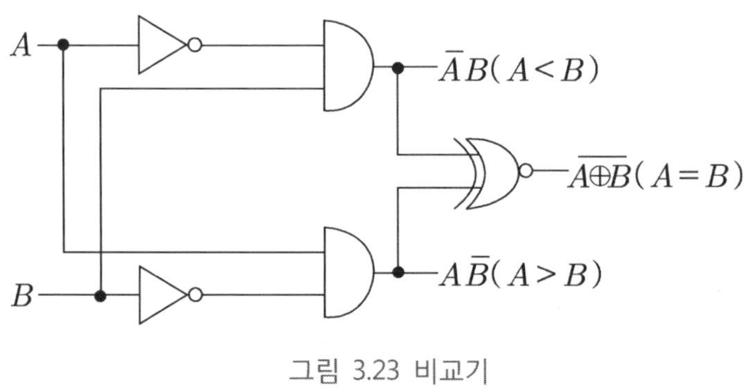

그림 3.23 비교기

3.10 코드 변환 회로

3장에서 2진수를 그레이 코드, 그레이 코드를 2진수로 변환하는 방법을 배웠다. 따라서, 2진수를 그레이 코드로 변화하는 논리 회로이다.

그레이 코드는 2진수로 변환하는 논리 회로를 그림 3.24에 나타내었다.

2진수를 그레이 코드로 변환하는 논리 회로를 표시하면 다음과 같다.

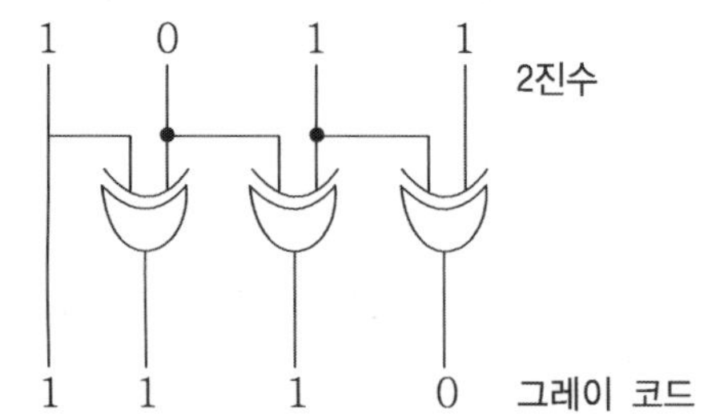

(a) 2진수를 그레이 코드로 변환하는 논리 회로

그레이 코드를 2진수로 변화하는 논리 회로를 표시하면 다음과 같다.

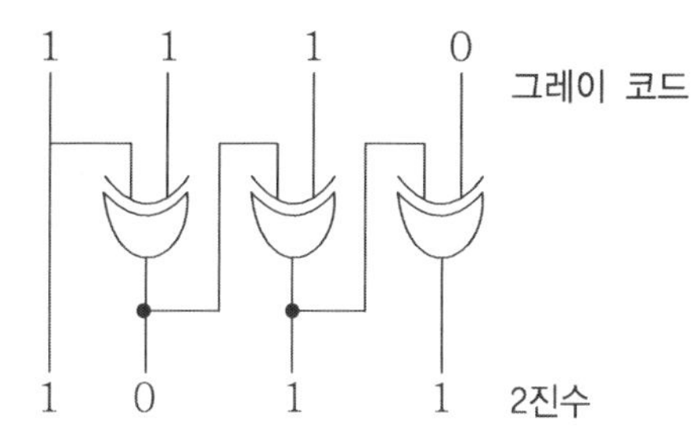

(b) 그레이 코드를 2진수로 변환하는 논리 회로

그림 3.24 변환 회로

3.11 패리티 회로

디지털 코드의 패리티는 그 코드에서 1의 개수가 우수인가 기수인가를 구별하고 한 개 비트 에러 검출을 의미한다. 우수 패리티 코드에서는 패리티 비트를 포함하여 1의 개수가 항상 짝수이어야 하며 기수 패리티 코드에서는 1의 개수가 항상 홀수이어야 한다. 데이터 전송에 있어 전송측은 전송 데이터에 패리티 비드를 추가하여 전송히고 수신측에서는 전송으로부터 받은 패리티 비트를 보고 에러의 유무를 검사하게 된다. 전송부에서 래피티 비트를 산출하는 회로를 패리티 발생기(parity generator)라 하며 수신측에서 패리티 비트를 검사하는 회로를 패리티 검사기(parity checker)라 한다.

3.11.1 패리티 발생기

패리티 발생기는 일반적으로 기수 패리티 방식을 사용하며 여기에서는 3개의 데이터 비트에 1개의 패리티 비트를 추가하여 기수 패리티 비트 발생기에 대해 설명한다.

표 3.14는 기수 패리티 발생기에 대한 진리표를 나타내었다.

【표 3.14】 기수 패리티 발생기에 대한 진리표

3비트 데이터			생성된 패리티 비트
A	B	C	P
0	0	0	1
0	0	1	0
0	1	0	0
0	1	1	1
1	0	0	0
1	0	1	1
1	1	0	1
1	1	1	0

표 3.14의 진리표에서 알 수 있듯이 P에 대한 부울함수식은

$$
\begin{aligned}
P &= \overline{A}\,\overline{B}\,\overline{C} + \overline{A}BC + A\overline{B}C + AB\overline{C} \\
&= \overline{A}(\overline{B}\,\overline{C} + BC) + A(\overline{B}C + B\overline{C}) \\
&= \overline{A}(\overline{B \oplus C}) + A(B \oplus C) \\
&= \overline{A \oplus (B \oplus C)}
\end{aligned}
$$

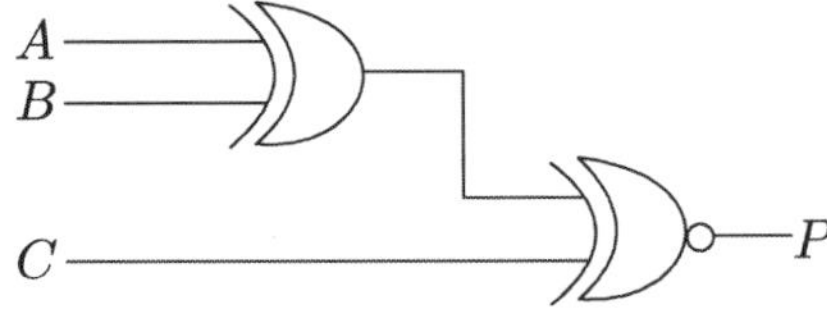

그림 3.25 3bit 기수 패리티 발생기

3.11.2 패리티 검사기

3bit의 데이터 비트와 패리티 발생기에 의해 발생된 패리티 비트는 전송되어 수신측의 패리티 검사기로 입력된다. 전송되어진 2진 정보는 기수 패리티이므로 검사한 패리티 비트가 기수이면 에러가 없고, 우수이면 에러가 발생하였다고 판단한다.

표 3.15는 기수 패리티 검사기의 진리표를 나타내었다.

【표 3.15】 기수 패리티 검사기의 진리표

전송된 4비트				패리티 오류 검사
A	B	C	D	P
0	0	0	0	1
0	0	0	1	0
0	0	1	0	0
0	0	1	1	1
0	1	0	0	0
0	1	0	1	1
0	1	1	0	1
0	1	1	1	0
1	0	0	0	0
1	0	0	1	1
1	0	1	0	1
1	0	1	1	0
1	1	0	0	1
1	1	0	1	0
1	1	1	0	0
1	1	1	1	1

위 진리값으로부터 출력함수를 구하면 다음과 같다.

$$P = \overline{A}\,\overline{B}\,\overline{C}\,\overline{D} + \overline{A}\,\overline{B}CD + \overline{A}B\overline{C}D + \overline{A}BC\overline{D} + A\overline{B}\,\overline{C}D + A\overline{B}C\overline{D}$$

$$+ AB\overline{C}\,\overline{D} + ABCD$$

$$= \overline{A}\,\overline{B}(\overline{C}\,\overline{D} + CD) + \overline{A}B(\overline{C}D + C\overline{D}) + A\overline{B}(\overline{C}D + C\overline{D})$$

$$+ AB(\overline{C}\,\overline{D} + CD)$$

$$= \overline{A}\,\overline{B}(\overline{C \oplus D}) + \overline{A}B(C \oplus D) + A\overline{B}(C \oplus D) + AB(\overline{C \oplus D})$$

$$= (\overline{A}\,\overline{B} + AB)(\overline{C \oplus D}) + (\overline{A}B + A\overline{B})(C \oplus D)$$

$$= (\overline{A \oplus B})(\overline{C \oplus D}) + (A \oplus B)(C \oplus D)$$

$$= \overline{(A \oplus B) \oplus (C \oplus D)}$$

$$= \overline{((A \oplus B) \oplus C) \oplus D}$$

위 논리식으로부터 4bit 정보에 대한 기수 패리티 검사기를 설계하면 다음과 같다.

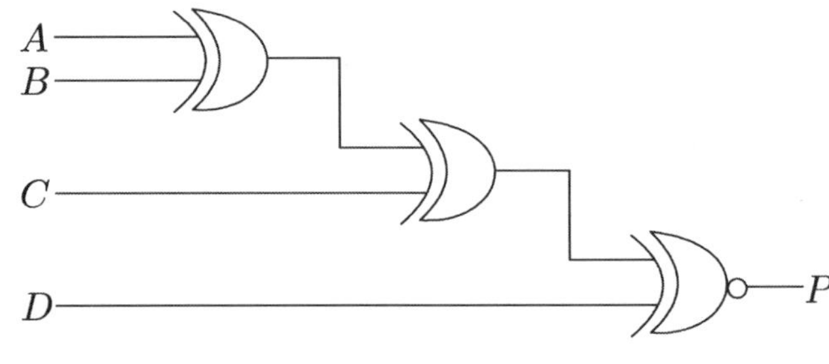

그림 3.26 4bit 기수 패리티 검사기

C.H.A.P.T.E.R

04

Boole 함수의 간략화

디지털 설계에 있어서 논리 함수를 간략화한다는 것은 특성은 동일하나 게이트의 수와 입력 수를 최소화하여 논리 회로 설계를 간단히 하는 것으로 이에 따라 설계와 제작 비용이 줄어들게 된다.

그러나 간략화하는 과정이 복잡한 과정을 거치게 되면 최종적으로 구해진 값이 최대로 간략화되었다는 것을 알 수 없다.

따라서, 논리함수의 간략화에는 여러 가지 방법이 있으나 그 기본은 3장에서 설명한 부울 대수 함수의 정리나 공리를 적용하는 것이다.

그러나, 부울 대수를 이용하는 방법은 일정한 규칙이 적용되지 못하기 때문에 정리나 공리를 잘못 적용하면 올바른 결과가 나오지 못하기 때문에 간략화를 위한 체계적인 방법으로 카르나 맵(Karnaugh Map) 방법과 맥클라스키(Qune-Mcclasky) 방법이 널리 알려져 있다.

4.1 최소항과 최대항

부울함수 식은 진리표에서 출력이 1로 나타나는 입력 변수들의 정상적인 형태(A)와 보수($\overline{A}$)의 형태의 조합에 따라 각각의 입력 변수들이 곱(AND)의 형태로 결합되어 표현하며, 이를 최소항(minterm)이라 하며, 일반적으로 최소항의 표시 m_i(i는 10진수의 값)이다.

마찬가지로, 진리표에서 출력이 0으로 나타나는 입력 변수들의 정상적인 형태(A)와 보수($\overline{A}$)의 형태의 조합에 따라 각각의 입력 변수들이 합(OR)의 형태로 결합되어 표현하며, 이를 최대항(maxterm)이라 하며, 일반적으로 최소항의 표시 M_i(i는 10진수의 값)이다.

따라서, 표 4.1에서 보는 바와 같이 최소항과 최대항은 서로 보수 관계 ($M_i = \overline{m_i}$) 이다.

【표 4.1】 3변수에 대한 최소항과 최대항

10진수(i)	A B C	최소항(m_i)	최대항(M_i)
0	0 0 0	$m_0 = \overline{A}\,\overline{B}\,\overline{C}$	$M_0 = A+B+C$
1	0 0 1	$m_1 = \overline{A}\,\overline{B}\,C$	$M_1 = A+B+\overline{C}$
2	0 1 0	$m_2 = \overline{A}\,B\,\overline{C}$	$M_2 = A+\overline{B}+C$
3	0 1 1	$m_3 = \overline{A}\,B\,C$	$M_3 = A+\overline{B}+\overline{C}$
4	1 0 0	$m_4 = A\,\overline{B}\,\overline{C}$	$M_4 = \overline{A}+B+C$
5	1 0 1	$m_5 = A\,\overline{B}\,C$	$M_5 = \overline{A}+B+\overline{C}$
6	1 1 0	$m_6 = A\,B\,\overline{C}$	$M_6 = \overline{A}+\overline{B}+C$
7	1 1 1	$m_7 = A\,B\,C$	$M_7 = \overline{A}+\overline{B}+\overline{C}$

최소항에 대한 부울함수 식은 진리표 상에서 그 함수의 값이 1인 논리변수의 조합에 해당하는 항들을 모아서 합(OR)을 취함으로써 구할 수 있다.

【표 4.2】 3변수에 대한 진리표

A B C	Z
0 0 0	0
0 0 1	1
0 1 0	0
0 1 1	0
1 0 0	1
1 0 1	0
1 1 0	0
1 1 1	1

예를 들어, 표 4.2의 출력 Z에 대한 최소항은 다음의 같이 표현할 수 있다.

$$Z(A,B,C) = \overline{A}\,\overline{B}\,C + A\,\overline{B}\,\overline{C} + ABC$$

$$= m_1 + m_4 + m_7$$

$$= \Sigma(1,\ 4,\ 7)$$

최대항에 대한 부울함수 식은 진리표 상에서 그 함수의 값이 0인 논리변수의 조합에 해당하는 항들을 모아서 곱(AND)을 취함으로써 구할 수 있다.

예를 들어, 표 4.2의 출력 Z에 대한 최대항은 다음의 같이 표현할 수 있다.

$$Z(A,B,C) = (\overline{A}+\overline{B}+\overline{C}) \cdot (\overline{A}+B+\overline{C}) \cdot (\overline{A}+B+C) \cdot (A+\overline{B}+C)$$
$$\cdot (A+B+\overline{C})$$
$$= M_0 \cdot M_2 \cdot M_3 \cdot M_5 \cdot M_6$$
$$= \Pi(0, 2, 3, 5, 6)$$

예제1 논리함수 $Z = \overline{A}B + AC$를 논리곱의 합형으로 표현하시오

논리변수 $\overline{A}B + AC$는 A, B, C 3개의 변수를 사용하는데 첫 번째 항 $\overline{A}B$에는 변수 C가 빠져있고 두 번째 항 AC에는 변수 B가 빠져있다.
따라서,

$$\overline{A}B = \overline{A}B(C + \overline{C})$$
$$= \overline{A}BC + \overline{A}B\overline{C}$$
$$AC = AC(B + \overline{B})$$
$$= ABC + A\overline{B}C$$

그러므로

$$Z = \overline{A}B + AC$$
$$= \overline{A}BC + \overline{A}B\overline{C} + ABC + A\overline{B}C$$

4.2 정형간의 변환

최소항의 합의로 표시된 함수의 보수는 원래의 함수에서 빠진 최소항의 합과 같다.

함수의 보수는 대수적으로 드 모르간의 법칙을 이용하여 구할 수 있으며 일반적인 드 모르간 법칙을 소개하면 다음과 같다.

$$\overline{(A+B+C+D+E)} = \overline{A} \cdot \overline{B} \cdot \overline{C} \cdot \overline{D} \cdot \overline{E}$$

$$\overline{(A \cdot B \cdot C \cdot D \cdot E)} = \overline{A} + \overline{B} + \overline{C} + \overline{D} + \overline{E}$$

예를 들어

$Z = AB\overline{C} + \overline{A}\,\overline{B}C$의 보수를 구하면

$$\begin{aligned}\overline{Z} &= \overline{(AB\overline{C} + \overline{A}\,\overline{B}C)} \\ &= \overline{(AB\overline{C})} \cdot \overline{(\overline{A}\,\overline{B}C)} \\ &= (\overline{A} + \overline{B} + \overline{\overline{C}}) \cdot (\overline{\overline{A}} + \overline{\overline{B}} + \overline{C}) \\ &= (\overline{A} + \overline{B} + C) \cdot (A + B + \overline{C})\end{aligned}$$

로 나타낼 수 있다.

【표 4.3】 진리표

A B C	Z
0 0 0	1
0 0 1	1
0 1 0	1
0 1 1	0
1 0 0	1
1 0 1	0
1 1 0	0
1 1 1	1

표 4.3을 최소항으로 표시하면 다음과 같다.

$$\begin{aligned}Z &= (\overline{A} \cdot \overline{B} \cdot \overline{C}) + (\overline{A} \cdot \overline{B} \cdot C) + (\overline{A} \cdot B \cdot \overline{C}) + (A \cdot \overline{B} \cdot \overline{C}) + (A \cdot B \cdot C) \\ &= m_0 + m_1 + m_2 + m_4 + m_7 \\ &= \Sigma(0, 1, 2, 4, 7)\end{aligned}$$

최대항의 곱으로 표시하기 위해서

$$\overline{Z} = \Pi(3, 5, 6) = M_3 + M_5 + M_6$$

이 된다.

$\overline{Z}$의 보수를 드 모르간의 정리를 이용하면 다음과 같은 식을 구할 수 있다.

$$\begin{aligned}\overline{\overline{Z}} = Z &= (\overline{m_3 + m_5 + m_6}) \\ &= \overline{m_3} \cdot \overline{m_5} \cdot \overline{m_6} \\ &= M_3 \cdot M_5 \cdot M_6 \\ &= \Pi(3, 5, 6) \\ &= \Sigma(0, 1, 2, 4, 7)\end{aligned}$$

따라서 표 4.1의 3변수에 대한 최소항과 최대항의 관계로부터 $\overline{m_i} = M_j$가 성립함을 알 수 있다.

결과적으로 함수의 보수관계를 이용하여 부울함수의 최소항의 합으로 표시된 함수를 이에 대응하는 최대항의 곱으로 나타낼 수 있음을 알 수 있다.

이러한 변환과정을 정형간의 변환이라 한다.

4.3 카르노 맵에 의한 방법

4.3.1 카르노 맵

카르노 맵(Karnaugh map)은 평면도 상에 모든 최소항을 규칙적으로 표시한 그림이다. 그림 4.1에 나타내는 바와 같이 벤 다이어그램에서도 최소항을 나타낸 영역을 표현할 수 있으나 이것을 세로선과 가로선으로 구획된 정사각형에 조직적으로 할당한 것이 베이치 다이어그램(Veitch diagram)과 카르노 맵이다.

베이치 다이어그램과 카르노 맵은 본질적으로는 같은 것이지만 카르노에 의해서 베이치 다이어그램을 약간 변경하여 고안된 것이 카르노 맵이다.

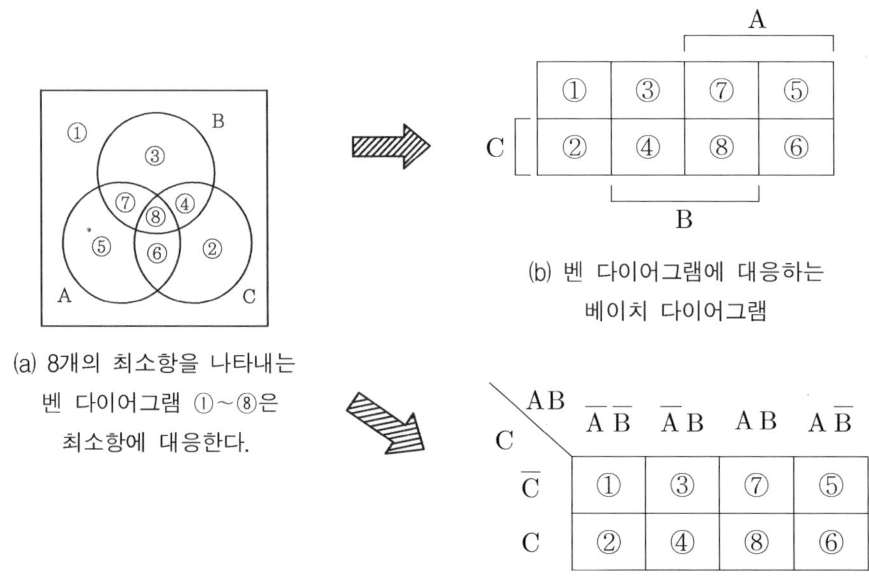

그림 4.1 벤 다이어그램과 카르노 맵의 관계(3변수인 경우)

카르노 맵은 모든 최소항을 칸(cell)의 속에 표시되게 세로축과 가로축에 변수를 배열한 그림이며 칸들은 각기 하나의 최소항을 나타낸다. 따라서, 어떤 부울 함수든지 최소항의 합으로 표시된 부울함수를 칸 내에 나타낼 수 있다.

카르노 맵을 작성하는 방법은 변수를 세로축과 가로축에 할당하여 참에는 1, 거짓에는 0을 대응시켜서 변수값의 조합 개수만큼 써서 나열한다. 세로축 및 가로축의 변수 조합 배열은 인접 칸 사이에서는 1개의 변수만큼 써서 나열한다. 세로축 및 가로축의 변수 조합 배열은 인접 칸 사이에서는 1개의 변수만 참과 거짓이 바뀌도록 고안되어 있다.

이와 같은 관계에 있는 2개의 논리곱 항은 서로 인접되어 있다고 한다. 카르노 맵에서는 상단과 하단, 좌단과 우단은 연속한다고 생각하고 이 사이에서도 1개의 변수만 바뀌도록 되어 있다.

카르노 맵에는 1변수, 2변수, 3변수, 4변수에 대한 것이 사용되며, 5변수 이상의 경우에는 너무 복잡하여 잘 사용하지 않는다.

4.3.2 변수 카르나 맵

논리변수 A가 가질 수 있는 값은 0과 1이므로 그림 4.2와 같이 사각형을 2등분하여 왼쪽이 논리변수 $\overline{A}$에 대응하는 논리함수를, 오른쪽이 논리변수 A에 대응하는 논리함수를 표시한다.

변수 A는 정상상태와 그의 보수상태 즉, 0과 1을 가질 수 있다.

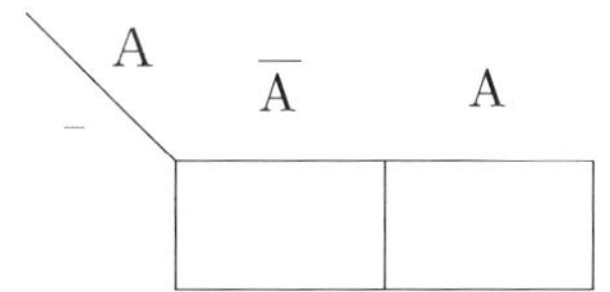

그림 4.2 1변수 카르나 맵 표시법

여기에서, 카르나 맵의 사각형내에 대응하는 변수 $\overline{A}$, A를 기입하거나 0, 1로 표시할 수 있다.

표 4.4와 같은 최소항에 카르나 맵의 사각형 내에 대응하는 카르나 맵은 논리변수 A가 0일 때 논리함수 f가 1이 되며, 논리변수 A가 1일 때 논리함수 f가 0이 되므로 그림 4.3과 같다.

【표 4.4】 1변수의 최소항

10진수(맵번호)	논리변수 A	최소항(m_i)
0	$\overline{A}$	m_0
1	A	m_1

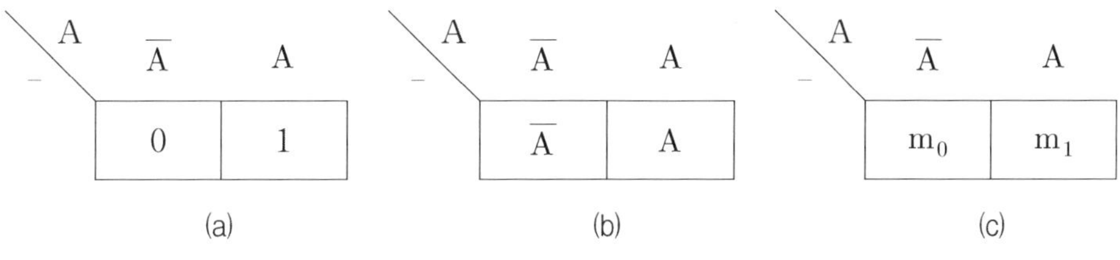

그림 4.3 1변수 카르나 맵 표시법

그림 4.3

(a)는 논리변수에 대한 10진수(맵번호)를 나타내고

(b)는 각 셀들과 1변수와의 관계를 보여주며

(c)는 최소항을 표시하고 있다.

카르나 맵상의 각 셀은 논리함수의 최소항에 대응하며, 각 셀에 상태 1만을 기입하여 표시하며, 빈 칸은 0을 의미한다.

예를 들면, 논리식 $f = \overline{A} + A = 1$이 됨을 카르나 맵을 이용하여 간략화하는 경우를 알아보자.

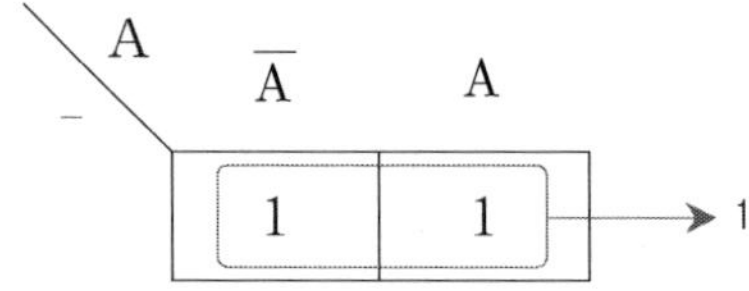

그림 4.4 $f = \overline{A} + A$의 카르나 맵

그림 4.4에서 보는 바와 같이 1로 표시된 두 칸은 변수 A가 0과 1의 서로 다른 상태 즉, $\overline{A}$ 와 A를 갖고 있으므로 변수 A는 생략되고 결과는 1이 된다.

4.3.3 2변수 카르나 맵

2변수 A, B는 각각 0과 1을 취할 수 있으므로 이들 변수의 가능한 조합방법은 4($2^n = 2^2$)가지가 된다. 여기에서 n은 변수의 수이다. 즉, 2개의 논리변수에 대한 4개의 최소항을 표시할 수 있다.

각 칸의 논리표시는 2변수의 논리곱(AND)인 다음과 같은 논리함수로 표시하게 된다.

또한, 각각의 최소항은 그림 4.5와 같이 4개의 칸으로 구성된다.

【표 4.5】 2변수의 최소항

10진수 (맵번호)	논리변수 A B	논리곱 (AND)	최소항 (m_i)
0	0 0	$\overline{A}\,\overline{B}$	m_0
1	0 1	$\overline{A}\,B$	m_1
2	1 0	$A\,\overline{B}$	m_2
3	1 1	$A\,B$	m_3

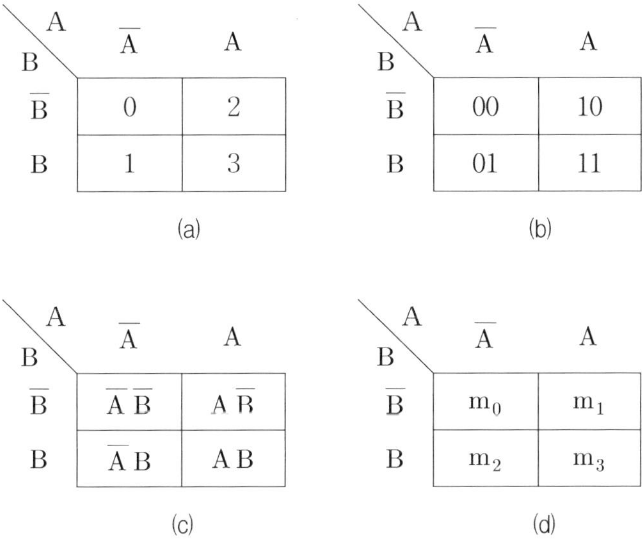

B \ A	$\overline{A}$	A
$\overline{B}$	0	2
B	1	3

(a)

B \ A	$\overline{A}$	A
$\overline{B}$	00	10
B	01	11

(b)

B \ A	$\overline{A}$	A
$\overline{B}$	$\overline{A}\,\overline{B}$	$A\,\overline{B}$
B	$\overline{A}\,B$	$A\,B$

(c)

B \ A	$\overline{A}$	A
$\overline{B}$	m_0	m_1
B	m_2	m_3

(d)

그림 4.5 2변수 카르나 맵 표시법

그림 4.5

(a)는 논리변수에 대한 10진수(맵번호)를 나타내고

(b)는 각 셀들과 2변수와의 관계를 보여주며

(c)는 최소항을 표시하고 있다.

각 칸의 논리표시는 2변수의 논리곱(AND)인 다음과 같은 논리함수로 표시한다. 즉, 각 칸은 논리변수 A와 B가 다음과 같은 단일 조합임을 표시하게 된다. 즉,

$\overline{A}\,\overline{B}(A=0,\ B=0)$

$\overline{A}B(A=0,\ B=1)$

$A\overline{B}(A=1,\ B=0)$

$AB(A=1,\ B=1)$

가 된다.

카르나 맵상의 논리표시 1에 대한 전체 논리함수의 표시는 각 항의 논리합(OR)로 표시한다. 따라서, 그림 4.6과 같은 카르나 맵의 논리표시는

$$f = A\overline{B} + \overline{A}B$$

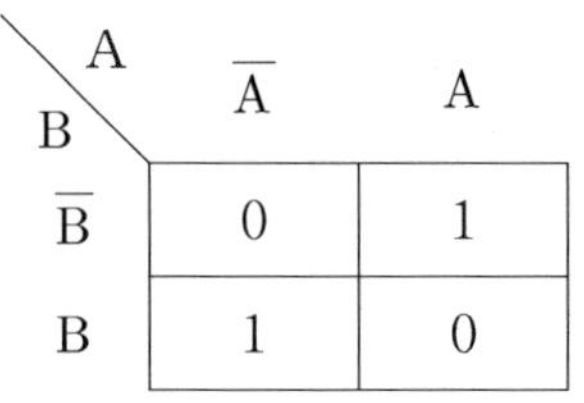

그림 4.6 $f = A\overline{B} + \overline{A}B$

가 된다.

진리치표로부터 논리식을 표현할 수 있듯이 논리식을 간략화 할 때 진리치표로부터 직접 카르나 맵을 사용하여 간략화할 수도 있다. 우선 2변수의 논리함수를 카르나 맵으로 표시하는 예를 들어보면 다음과 같다.

f = A + B로 표시되는 논리함수를 만들기 위해 다음과 같이 식을 변형시켜야 한다.

$$\begin{aligned} f &= A + B \\ &= A(B+\overline{B}) + B(A+\overline{A}) \\ &= AB + A\overline{B} + AB + \overline{A}B \\ &= AB + A\overline{B} + \overline{A}B \end{aligned}$$

가 된다.

AB, $A\overline{B}$, $\overline{A}B$ 에 대응하는 칸에 1을 기입하고 나머지 칸에 0을 기입하면 그림 4.7과 같이 카르나 맵이 된다.

B \ A	$\overline{A}$	A
$\overline{B}$	0	1
B	1	1

그림 4.7 $f = A + B$의 카르나 맵

카르나 맵상의 각 셀은 논리함수의 최소항에 대응하며, 각 셀에 상태 1만을 기입하여 표시하며, 빈 칸은 0을 의미한다. 2변수 논리함수의 카르나 맵을 이용하여 간략화하기 위해서는 다음과 같은 규칙을 적용한다.

① 카르나 맵상에 기입한 1로 표시된 이웃하는 셀을 사각형의 형태로 묶어서 변수의 수를 줄일 수 있는데, 인접한 2개 셀로 묶어진 사각형의 형태를 페어(pair)라 한다.

② 카르나 맵상에 한 개의 셀에 기입한 논리적 표시 1은 A, B 2변수의 논리곱의 항으로 표시하며, 1로 표시된 이웃하는 2개 셀로 묶어진 사각형은 1개의 변수항으로 표시한다.

③ 카르나 맵상에 단독으로 1이 표시된 셀은 2변수 항으로 표시된다.

④ 카르나 맵상에 나타난 논리적 표시 1로 된 것의 전체적인 논리식은 각 변수항의 논리합으로 표시된다.

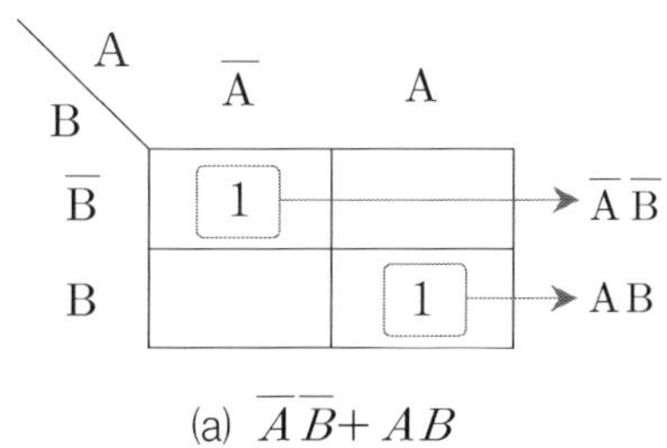

(a) $\overline{A}\,\overline{B}+AB$

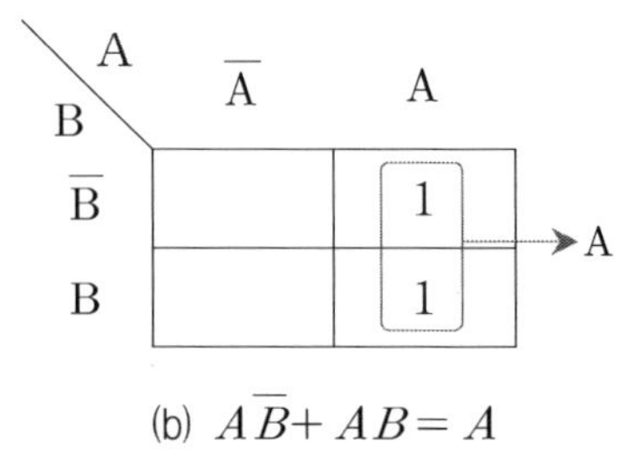

(b) $A\overline{B}+AB=A$

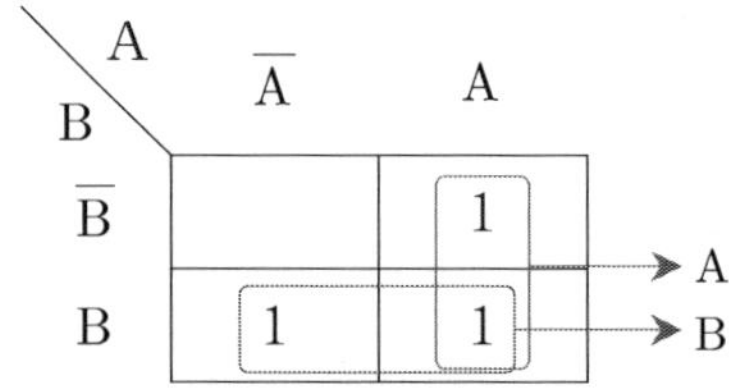

(c) $A\overline{B}+AB+\overline{A}B=A+B$

그림 4.8 2변수 카르나 맵

2변수 카르나 맵을 간략화는 방법을 알아보자.

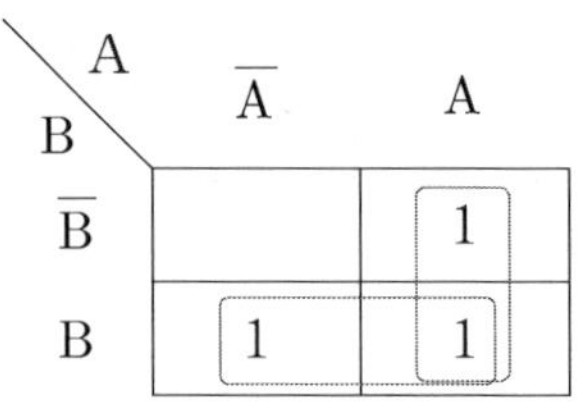

그림 4.9 $f=A\overline{B}+\overline{A}B+AB$

그림 4.9의 (a)는 이웃하는 인접항이 없는 경우의 논리변수는 간략화되지 않고 논리변수 그대로 나타낸다. 그림 4.9의 (b)는 서로 인접하는 2개의 최소항을 묶어서 논리변수가 1개가 줄어 A로 나타낼 수 있다.

그 이유는 2개의 최소항의 경우 $A\overline{B}+AB=A(\overline{B}+B)=A$(1변수의 경우 $\overline{A}+A=1$과 같음)로 간략화된다. (c)는 (b)의 경우와 같이 간략화되고 간략화된 각 논리항들은 서로 논리합(OR)으로 연결하여 표시한다.

4.3.4 3변수 카르나 맵

3변수 A, B, C는 각각 0과 1을 취할 수 있으므로 이들 변수의 가능한 조합 방법은 8($2^n = 2^3$)가지가 된다. 여기에서 n은 변수의 수이다. 즉, 2개의 논리 변수에 대한 8개의 최소항을 표 4.6과 같이 표시할 수 있다.

각 칸의 논리표시는 3변수의 논리곱(AND)인 다음과 같은 논리함수로 표시하게 된다.

따라서, 이들 각각의 최소항은 카르나 맵으로 표시하면 그림 4.10과 같이 8개의 칸으로 구성된다.

【표 4.6】 변수의 최소항

10진수 (맵번호)	논리변수 A B C	논리곱 (AND)	최소항 (m_i)
0	0 0 0	$\overline{A}\,\overline{B}\,\overline{C}$	m_0
1	0 0 1	$\overline{A}\,\overline{B}\,C$	m_1
2	0 1 0	$\overline{A}\,B\,\overline{C}$	m_2
3	0 1 1	$\overline{A}\,B\,C$	m_3
4	1 0 0	$A\,\overline{B}\,\overline{C}$	m_4
5	1 0 1	$A\,\overline{B}\,C$	m_5
6	1 1 0	$A\,B\,\overline{C}$	m_6
7	1 1 1	$A\,B\,C$	m_7

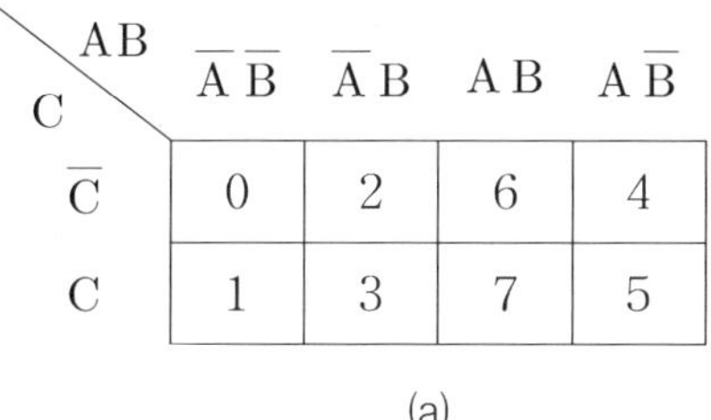

(a)

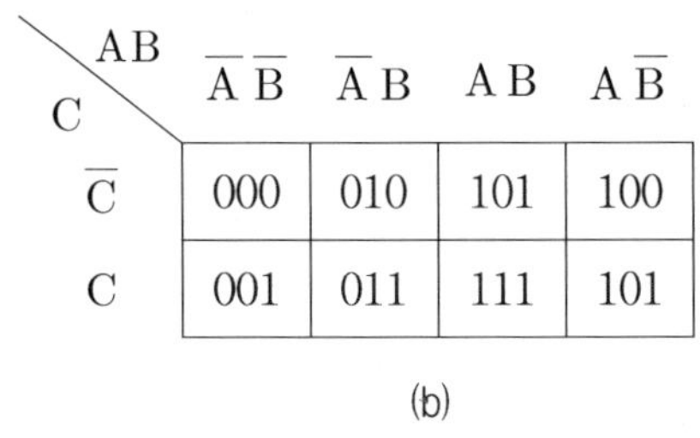

C \ AB	$\overline{A}\,\overline{B}$	$\overline{A}B$	AB	$A\overline{B}$
$\overline{C}$	000	010	101	100
C	001	011	111	101

(b)

C \ AB	$\overline{A}\,\overline{B}$	$\overline{A}B$	AB	$A\overline{B}$
$\overline{C}$	$\overline{A}\,\overline{B}\,\overline{C}$	$\overline{A}B\overline{C}$	$AB\overline{C}$	$A\overline{B}\,\overline{C}$
C	$\overline{A}\,\overline{B}C$	$\overline{A}BC$	ABC	$A\overline{B}C$

(c)

C \ AB	$\overline{A}\,\overline{B}$	$\overline{A}B$	AB	$A\overline{B}$
$\overline{C}$	m_0	m_2	m_6	m_4
C	m_1	m_3	m_7	m_5

(d)

그림 4.10 3변수의 카르나 맵 표시법

그림 4.10 (a)는 3변수에 대한 8개의 10진수(맵번호)를 나타내고, (b)와 (c)는 각 셀들과 3변수들과의 관계를 보여주며, (d)는 최소항을 표시하고 있다.

각 셀에 표시하는 논리표시는 3변수의 논리곱(AND)으로 표시한다. 3변수의 카르나 맵을 작성할 때 주의할 점은 2개의 논리변수(예를 들어, A, B)를 같이 쓸 때는 그의 배열 순서를 $\overline{A}\,\overline{B} \rightarrow \overline{A}B \rightarrow AB \rightarrow A\overline{B}$(00 → 01 → 11 → 10)의 순서(Gray Code)로 하여야 한다.

또한, 카르나 맵상에 표시된 논리출력1에 대응하는 전 논리함수는 각 항의 논리합(OR)으로 표시한다. 진리치표로부터 직접 카르나 맵을 작성하는 방법은 다음과 같다.

표 4.7은 8진 코드에서 홀수 패리티 비트를 나타내는 진리치표이다.

P가 1이 되는 항을 보면

A B C

1번째 줄의 A = 0, B = 0, C = 0 → 0 0 0

4번째 줄의 A = 0, B = 1, C = 1 → 0 1 1

6번째 줄의 A = 1, B = 0, C = 1 → 1 0 1

7번째 줄의 A = 1, B = 1, C = 0 → 1 1 0

가 된다.

【표 4.7】 8진 코드 P의 진리표

A B C	P
0 0 0	1
0 0 1	0
0 1 0	0
0 1 1	1
1 0 0	0
1 0 1	1
1 1 0	1
1 1 1	0

따라서, 각 변수를 읽어 카르나 맵상에 P가 1인 논리변수들의 논리곱을 넣으면 된다. 카르나 맵으로부터 P가 1인 변수들을 논리변수(논리곱의 합)로 표시하면 다음과 같다.

$$P = \overline{A}\,\overline{B}\,\overline{C} + \overline{A}BC + AB\overline{C} + A\overline{B}C$$

또한, 최소항 형식으로 나타내면 다음과 같다.

$$P = P(A, B, C) = \sum(0, 3, 5, 6)$$

$$= \sum(m_0, m_3, m_5, m_6)$$

3변수 논리함수의 카르나 맵을 이용하여 간략화하기 위해서는 다음과 같은 규칙을 적용한다.

① 카르나 맵상에 기입한 1로 표시된 이웃하는 셀을 사각형의 형태로 묶어서 변수의 수를 줄일 수 있는데, 인접한 4개 셀로 묶어진 사각형의 형태를 쿼드(quad)라 한다.

② 카르나 맵상에 기입한 1로 표시된 이웃하는 4개 셀로 묶어진 사각형은 1개의 변수항으로 표시된다.

③ 카르나 맵상에 기입한 1로 표시된 이웃하는 2개 셀로 묶어진 사각형은 2개의 변수항으로 표시된다.

④ 카르나 맵상에 단독으로 1이 표시된 셀은 3변수 항으로 표시된다.

⑤ 카르나 맵상에 나타난 논리적 표시 1로 된 것의 전체적인 논리식은 각 변수항의 논리합으로 표시된다.

3변수 카르나 맵을 간략화하는 방법을 알아보자.

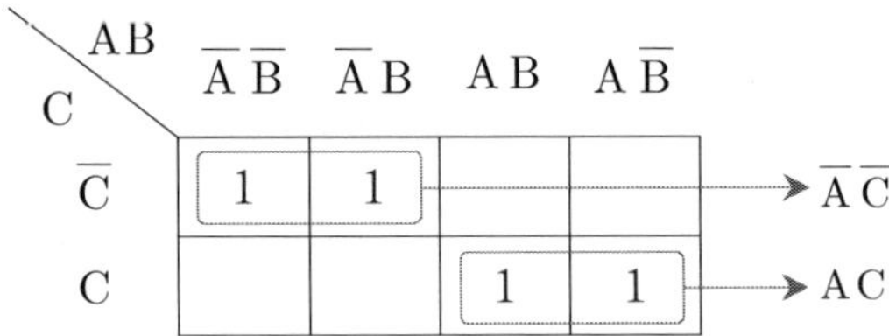

그림 4.11 $f = \overline{A}\,\overline{B}\,\overline{C} + \overline{A}B\overline{C} + A\overline{B}C + ABC = \overline{A}\,\overline{C} + AC$

그림 4.11의 왼쪽 위의 페어에서 $\overline{A}$, $\overline{C}$와 $\overline{B}$, B이므로 B는 없어지고 $\overline{A}\,\overline{C}$로 간략화된다. 오른쪽 아래 페어는 A, C와 B, $\overline{B}$이므로 B는 없어지고 AC로 간략화된다.

이들 간략화된 결과는 논리합(OR)으로 연결하면 결과식은 $f = \overline{A}\,\overline{C} + AC$가 된다.

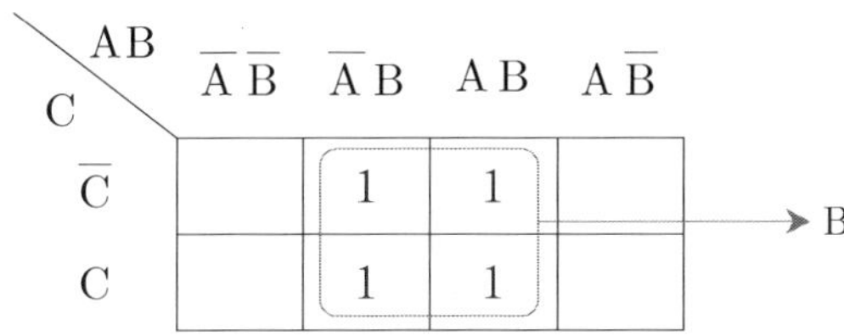

그림 4.12 $f = \overline{A}B\overline{C} + AB\overline{C} + \overline{A}BC + ABC = B$

그림 4.12의 쿼드에서 $\overline{A}, A, \overline{C}, C$이고 B이므로 A, C는 없어지고 B만 남게 되어 간략화된 결과식은 $f = B$가 된다.

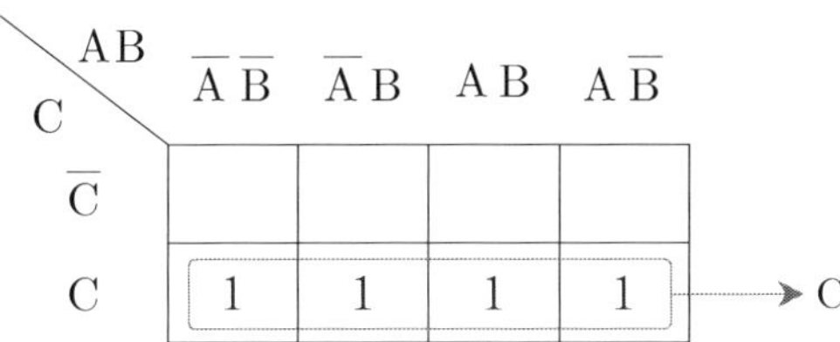

그림 4.13 $f = \overline{A}\,\overline{B}C + \overline{A}BC + ABC + A\overline{B}C = C$

그림 4.13의 쿼드에서 $\overline{A}, A, \overline{B}, B$이고 C이므로 A, B는 없어지고 C만 남게 되어 간략화된 결과식은 $f = C$가 된다.

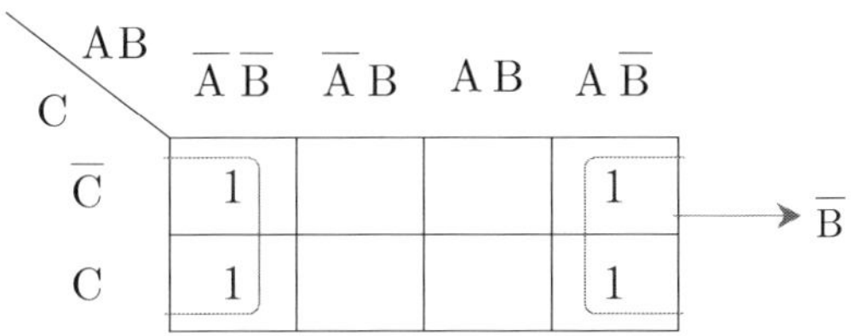

그림 4.14 $f = \overline{A}\,\overline{B}\,\overline{C} + \overline{A}\,\overline{B}C + A\overline{B}\,\overline{C} + A\overline{B}C$

그림 4.14에서 왼쪽 끝의 페어와 오른쪽 끝의 페어는 두 개를 묶어서 쿼드로 볼 수 있다. 그 이유로는 앞에서 설명한 바와 같이 $\overline{A}\,\overline{B} \rightarrow \overline{A}B \rightarrow AB \rightarrow A\overline{B}$ (00→01→11→10)의 순서는 이에 그레이 코드를 사용하기 때문이다.

따라서, 왼쪽 끝의 페어와 오른쪽 끝의 페어는 서로 인접한 것으로 볼 수 있으므로 $\overline{A}$, A, $\overline{C}$, C이고 $\overline{B}$이므로 A, C는 없어지고 $\overline{B}$만 남게 되어 간략화된 결과식은 $f=\overline{B}$가 된다.

논리식 $f=B+A\overline{C}$를 카르나 맵으로 표시하는 예를 들어보면 다음과 같다.

$$
\begin{aligned}
f &= B+A\overline{C} \\
&= B(A+\overline{A})(C+\overline{C})+A\overline{C}(B+\overline{B}) \\
&= (AB+\overline{A}B)(C+\overline{C})+AB\overline{C}+A\overline{B}\,\overline{C} \\
&= ABC+\underline{AB\overline{C}}+\overline{A}BC+\overline{A}B\overline{C}+\underline{AB\overline{C}}+A\overline{B}\,\overline{C} \\
&= ABC+AB\overline{C}+\overline{A}BC+\overline{A}B\overline{C}+A\overline{B}\,\overline{C}
\end{aligned}
$$

C \ AB	$\overline{A}\,\overline{B}$	$\overline{A}B$	AB	$A\overline{B}$
$\overline{C}$		1	1	1
C		1	1	

그림 4.15 $f=B+A\overline{C}$에 대한 카르나 맵

4.3.5 4변수 카르나 맵

4개의 변수 A, B, C, D는 각각 0 또는 1이 될 수 있으므로 변수들의 가능한 조합은 16($2^n=2^4$)가지가 된다. 여기에서 n는 변수의 수이다.

즉, 4개의 논리변수에 대한 16개의 최소항을 표 4.8과 같이 표시할 수 있다.

【표 4.8】 4변수의 최소항

10진수 (맵번호)	논리변수 A B C D	논리곱 (AND)	최소항 (m_i)
0	0 0 0 0	$\overline{A}\,\overline{B}\,\overline{C}\,\overline{D}$	m_0
1	0 0 0 1	$\overline{A}\,\overline{B}\,\overline{C}\,D$	m_1
2	0 0 1 0	$\overline{A}\,\overline{B}\,C\,\overline{D}$	m_2
3	0 0 1 1	$\overline{A}\,\overline{B}\,C\,D$	m_3
4	0 1 0 0	$\overline{A}\,B\,\overline{C}\,\overline{D}$	m_4
5	0 1 0 1	$\overline{A}\,B\,\overline{C}\,D$	m_5
6	0 1 1 0	$\overline{A}\,B\,C\,\overline{D}$	m_6
7	0 1 1 1	$\overline{A}\,B\,C\,D$	m_7
8	1 0 0 0	$A\,\overline{B}\,\overline{C}\,\overline{D}$	m_8
9	1 0 0 1	$A\,\overline{B}\,\overline{C}\,D$	m_9
10	1 0 1 0	$A\,\overline{B}\,C\,\overline{D}$	m_{10}
11	1 0 1 1	$A\,\overline{B}\,C\,D$	m_{11}
12	1 1 0 0	$A\,B\,\overline{C}\,\overline{D}$	m_{12}
13	1 1 0 1	$A\,B\,\overline{C}\,D$	m_{13}
14	1 1 1 0	$A\,B\,C\,\overline{D}$	m_{14}
15	1 1 1 1	$A\,B\,C\,D$	m_{15}

그림 4.16 (a)는 4변수에 대한 8개의 10진수(맵번호)를 나타내고, (b)와 (c)는 각 셀들과 3변수들과의 관계를 보여주며, (d)는 최소항을 표시하고 있다.

각 셀에 표시하는 논리표시는 4변수의 논리곱(AND)으로 표시한다. 4변수의 카르나 맵을 작성할 때 주의할 점은 3변수의 카르나 맵에서와 같이 가로방향의 2개의 논리변수를 같이 쓸 때와 같이 그의 배열 순서를 $\overline{A}\,\overline{B} \rightarrow \overline{A}\,B$ $A\,B \rightarrow A\,\overline{B}$(00 → 01 → 11 → 10)의 순서(Gray Code)로 하고 세로방향의 2개의 논리변수도 가로 방향과 같은 방법으로 배열순서를 작성하여야 한다.

CD \ AB	$\overline{A}\,\overline{B}$	$\overline{A}B$	AB	$A\overline{B}$
$\overline{C}\,\overline{D}$	0	4	12	8
$\overline{C}D$	1	5	13	9
CD	3	7	15	11
$C\overline{D}$	2	6	14	10

CD \ AB	$\overline{A}\,\overline{B}$	$\overline{A}B$	AB	$A\overline{B}$
$\overline{C}\,\overline{D}$	000	0100	1100	1000
$\overline{C}D$	001	0101	1101	1001
CD	011	0111	1111	1011
$C\overline{D}$	010	0110	1110	1010

CD \ AB	$\overline{A}\,\overline{B}$	$\overline{A}B$	AB	$A\overline{B}$
$\overline{C}\,\overline{D}$	$\overline{A}\,\overline{B}\,\overline{C}\,\overline{D}$	$\overline{A}B\overline{C}\,\overline{D}$	$AB\overline{C}\,\overline{D}$	$A\overline{B}\,\overline{C}\,\overline{D}$
$\overline{C}D$	$\overline{A}\,\overline{B}\,\overline{C}D$	$\overline{A}BC\overline{D}$	$AB\overline{C}D$	$A\overline{B}\,\overline{C}D$
CD	$\overline{A}\,\overline{B}CD$	$\overline{A}BCD$	$ABCD$	$A\overline{B}CD$
$C\overline{D}$	$\overline{A}\,\overline{B}C\overline{D}$	$\overline{A}BC\overline{D}$	$ABC\overline{D}$	$A\overline{B}C\overline{D}$

CD \ AB	$\overline{A}\,\overline{B}$	$\overline{A}B$	AB	$A\overline{B}$
$\overline{C}\,\overline{D}$	m_0	m_4	m_{12}	m_8
$\overline{C}D$	m_1	m_5	m_{13}	m_9
CD	m_3	m_7	m_{15}	m_{11}
$C\overline{D}$	m_2	m_6	m_{14}	m_{10}

그림 4.16 4변수의 카르나 맵 표시법

진리치표로부터 카르나 맵을 작성하는 방법을 보면 다음과 같다. 표 4.9와 같이 진리치표가 주어지면 그에 따른 4변수의 카르나 맵은 그림 4.17과 같이 작성할 수 있다.

【표 4.9】 4변수에 대한 진리표치

10진수(맵번호)	A B C D	f
0	0 0 0 0	0
1	0 0 0 1	1
2	0 0 1 0	0
3	0 0 1 1	1
4	0 1 0 0	1
5	0 1 0 1	1
6	0 1 1 0	0
7	0 1 1 1	0
8	1 0 0 0	0
9	1 0 0 1	1
10	1 0 1 0	1
11	1 0 1 1	0
12	1 1 0 0	0
13	1 1 0 1	0
14	1 1 1 0	1
15	1 1 1 1	0

따라서, 각 변수를 읽어 카르나 맵상에 f가 1인 논리변수들의 논리곱을 넣으면 그림 4.17과 같이 된다. 카르나 맵으로 부터 f가 1인 변수들을 논리변수로 표시하면 다음과 같다.

또한, 최소항의 형식으로 나타내면 다음과 같다.

$$f=(A, B, C, D)=\sum(1, 3, 4, 5, 9, 10, 14)$$

$$=\sum(m_1, m_3, m_4, m_5, m_9, m_{10}, m_{14})$$

CD \ AB	$\overline{A}\,\overline{B}$	$\overline{A}B$	AB	$A\overline{B}$
$\overline{C}\,\overline{D}$		1		
$\overline{C}D$	1	1		1
CD	1			
$C\overline{D}$			1	1

그림 4.17 표 4.9에 대한 카르나 맵 표시

4변수 논리함수의 카르나 맵을 이용하여 간략화하기 위해서는 다음과 같은 규칙을 적용한다.

① 카르나 맵상에 기입한 1로 표시된 이웃하는 셀을 사각형의 형태로 묶어서 변수의 수를 줄일 수 있는데, 인접한 1로 표시된 인접한 8개 셀로 묶어진 사각형의 형태를 옥텟(octet)이라 한다.

② 카르나 맵상에 기입한 1로 표시된 이웃하는 8개 셀로 묶어진 사각형은 1개의 변수항으로 표시된다.

③ 카르나 맵상에 기입한 1로 표시된 이웃하는 4개 셀로 묶어진 사각형은 2개의 변수항으로 표시된다.

④ 카르나 맵상에 기입한 1로 표시된 이웃하는 2개 셀로 묶어진 사각형은 1개의 변수항으로 표시된다.

⑤ 카르나 맵상에 단독으로 1이 표시된 셀은 4변수 항으로 표시된다.

⑥ 카르나 맵상에 나타난 논리적 표시 1로 된 것의 전체적인 논리식은 각 변수항의 논리합으로 표시된다.

4변수 카르나 맵을 간략화하는 방법을 알아보자.

CD \ AB	$\bar{A}\bar{B}$	$\bar{A}B$	AB	$A\bar{B}$
$\bar{C}\bar{D}$				
$\bar{C}D$		1	1	
CD		1	1	
$C\bar{D}$				

그림 4.18 $f = \bar{A}B\bar{C}D + AB\bar{C}D + \bar{A}BCD + ABCD = BD$

그림 4.18에서 가운데 쿼드는 $\bar{A}$, A, $\bar{C}$, C와 B, D이므로 A와 C는 없어지고 BD로 간략화된다.

CD \ AB	$\bar{A}\bar{B}$	$\bar{A}B$	AB	$A\bar{B}$
$\bar{C}\bar{D}$			1	
$\bar{C}D$			1	
CD			1	
$C\bar{D}$			1	

그림 4.19 $f = AB\bar{C}\bar{D} + AB\bar{C}D + ABCD + ABC\bar{D} = AB$

그림 4.19에서 쿼드는 A, B, $\bar{C}$, C, D $\bar{D}$이므로 C와 D는 없어지고 AB로 간략화된다.

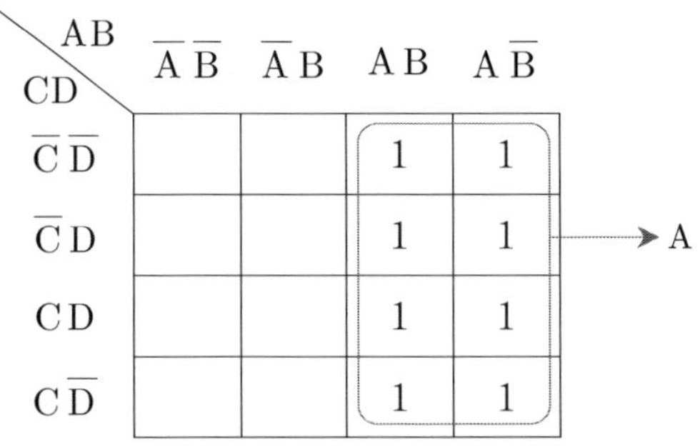

그림 4.20 $f = AB\overline{C}\,\overline{D} + AB\overline{C}D + ABCD + ABC\overline{D} + A\overline{B}\,\overline{C}\,\overline{D} + A\overline{B}\,\overline{C}D + A\overline{B}CD + A\overline{B}C\overline{D}$

그림 4.20에서 옥텟은 A와 B, $\overline{B}$, C, $\overline{C}$ 그리고 D, $\overline{D}$이므로 B, C, D는 없어지고 A로 간략화된다.

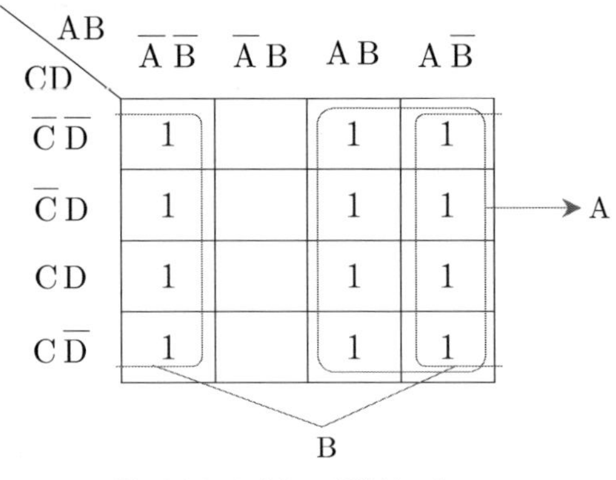

그림 4.21 4변수 간략화 예

그림 4.21에서 오른쪽 옥텟은 그림 4.20에서 알아본 바와 같이 A로 간략화된다. 그리고 왼쪽 쿼드와 오른쪽 쿼드는 앞에서 설명하였듯이 서로 인접한 쿼드이므로 2개의 쿼드를 묶어 하나의 옥텟으로 볼 수 있다.

따라서 두 번째 옥텟은 $\overline{A}$, A, $\overline{C}$, C, $\overline{D}$, D 그리고 $\overline{B}$이므로 A, C, D는 없어지고 $\overline{B}$로 간략화된다.

이들 간략화된 결과를 논리합(OR)로 연결하면 결과식은 $f = A + \overline{B}$가 된다.

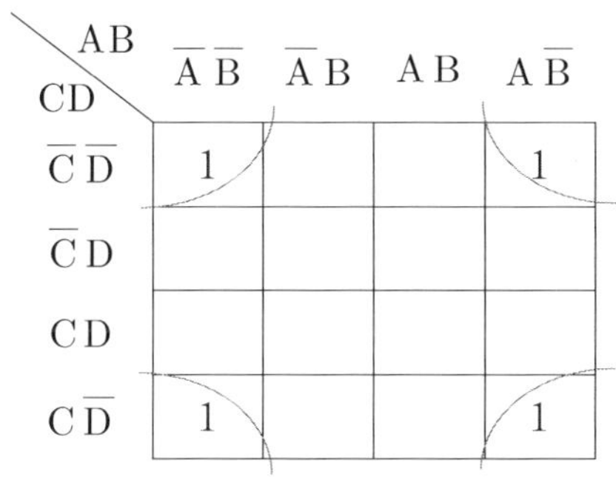

그림 4.22 4변수 간략화 예

그림 4.22에서 쿼드는 A, $\overline{A}$, $\overline{C}$, $\overline{C}$와 $\overline{B}$, $\overline{D}$이므로 A, C는 없어지고 $\overline{B}\,\overline{D}$로 간략화된다.

4.4 무정의(Don't care) 조건

간략화에서는 어느 방법의 경우라도 논리 함수는 모든 변수의 조합에 대해서 값이 정해져 있었다. 그러나 실제의 경우에는 변수의 특정 조합이 허용되지 않고, 따라서 그와 같은 변수의 조합이 일어나지 않기 때문에 함수의 값도 확정되어 있지 않는 경우가 있다.

이와 같은 경우에는 금지되어 있는 변수의 조합에 대응하는 최소항이 함수의 표시에 포함되어도 좋고 포함되지 않아도 좋다. 이와 같은 변수의 조합을 don't care라고 부른다. don't care에 대해서는 함수의 값은 1이거나 0이라도 좋으므로 0으로 하는 일이 많다.

또한, 진리치표에서 논리변수의 조합 중 사용하지 않는 것을 don't care라 한다. 예를 들면, 4bit로 조합된 코드는 16가지의 상태를 조합할 수 있다. 그러나 4bit로 구성된 BCD 코드는 16가지의 조합 중 10가지만 사용한다. 즉, 0000(10진수 0)에서 1001(10진수 9)까지 10개의 코드로 구성되며, 1010(10진수 10)

에서 1111(10진수 15)까지의 6개의 코드는 사용하지 않는다.

이때 사용하지 않는 6개의 입력을 don't care라 하며, 이 입력들을 0이나 1로 단정 지을 수 없으므로 x라는 기호로 표시한다. 이렇게 표시된 don't care 입력은 논리함수를 간략화하는데 유용하게 쓰인다.

don't care 조건을 이용하여 논리함수를 간략화하는 방법은 다음과 같다.

① 진리치표의 출력에 1을 카르나 맵에 1로 표시한다.

② don't care 입력 상태에 대응하는 카르나 맵에 ×라 표시한다.

③ don't care값은 실제로 1을 페어, 쿼드 및 옥텟으로 묶는데 포함이 되면 1로 처리한다.

④ 페어, 쿼드 및 옥텟으로 묶는데 포함이 되지 않으면 0으로 처리한다.

예제 2 다음 논리 함수를 간략화하시오.

$$f = \overline{A}B\,C + AB\overline{C} + \overline{A}BC$$

don't care항 $= ABC + A\overline{B}C$

3개의 입력변수이므로 3변수 카르나 맵에 논리함수 f와 don't care항을 표기하면 다음과 같다.

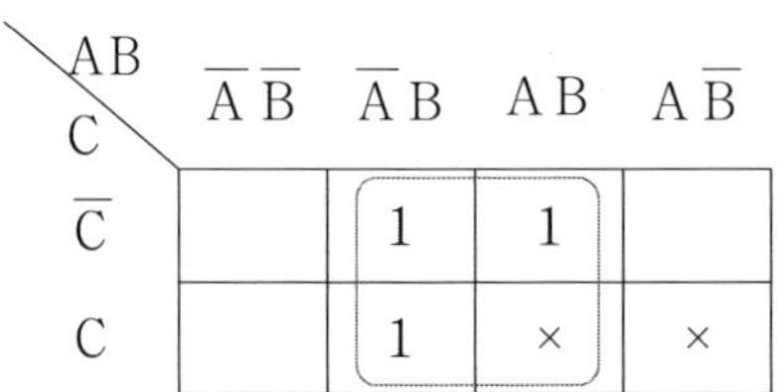

C \ AB	$\overline{A}\,\overline{B}$	$\overline{A}B$	AB	$A\overline{B}$
$\overline{C}$		1	1	
C		1	×	×

그림 4.23 don't care항

카르나 맵을 작성한 후 인접한 1을 그림 4.23과 같이 쿼드로 묶으면 쿼드 안에 포함된 don't care항은 1로 취급하면 그림 4.24와 같이 된다.

AB \ C	$\overline{A}\,\overline{B}$	$\overline{A}B$	AB	$A\overline{B}$
$\overline{C}$		1	1	
C		1	1	

그림 4.24 don't care항을 이용한 간략화

그림 4.24의 카르나 맵을 이용한 간략화 과정을 앞에서와 동일하다. 쿼드는 $\overline{A}$, A, $\overline{C}$, C와 B이므로 A, C는 없어지고 B로 간략화된다.

4.5 퀸·맥클라스키의 방법

퀸·맥클라스키의 방법은 논리 변수를 수치로 변환하여 기계적인 작업으로 간략화 할 수 있어 컴퓨터를 사용하여 간략화를 행할 경우에도 많이 이용되고 있다. 또한 많은 변수를 사용하는 논리식이라도 쉽게 취급할 수 있는 이점이 있어 카르노 맵에서는 취급되지 않는 다변수의 논리식 간략화에 많이 이용되고 있다. 퀸·맥클라스키(Quine-McClasky)의 방법은 주어진 논리 함수의 주항을 구하고 다음에 이 속에서 함수를 표현하기 위해 필요한 최소수의 주항 세트를 구하는 조작을 그림을 사용하는 대신에 2진수의 표를 사용하여 $X+\overline{X}=1$인 관계를 이용하여 논리 함수를 간략화하는 방법이다. 테이블 방법이라고도 한다.

먼저 논리 함수를 덧셈 표준형으로 표현하고 논리식에 사용된 모든 항을 2진수의 비트열로 로 표시한다. 예를 들어 다음과 같은 6변수인 논리 함수를 살펴보자

$$f=\overline{A}\,\overline{B}\,\overline{C}\,\overline{D}\,\overline{E}\,\overline{F}+\overline{A}\,\overline{B}\,\overline{C}\,\overline{D}E\overline{F}+\overline{A}\,\overline{B}\,\overline{C}DE\overline{F}+\overline{A}\,\overline{B}\,\overline{C}DEF$$

$$+\overline{A}\,\overline{B}CDE\overline{F}+\overline{A}\,\overline{B}C\overline{D}\,\overline{E}\,\overline{F}+A\overline{B}C\overline{D}\,\overline{E}F+\overline{A}\,\overline{B}CD\overline{E}\,\overline{F}$$

$$+\overline{A}\,\overline{B}CDEF+\overline{A}\,\overline{B}C\overline{D}E\overline{F}$$

이 논리 함수의 각 항에 사용된 2진 변수 $A, B, \cdots\cdots, F$를 2진수의 형태로 표시하면 다음과 같은 식으로 나타낼 수가 있다.

$$f = 000000 + 000010 + 000110 + 000111$$
$$+ 001110 + 001000 + 101001 + 001100$$
$$+ 001111 + 001010$$

이 식에서 최소항을 1의 개수에 따라서 그룹으로 구분하여 표 5.2에 나타내는 바와 같이 수가 적은 순서로 나열한다. 이때, 언제나 6자리의 2진수를 쓴 것은 번거로우므로 대응하는 10진수를 쓰고 이후는 이 10진수를 그 최소항의 표시 번호로써 사용한다.

그룹으로 나눈 후 인접하는 그룹 내의 각 항을 비교하여 숫자 사이에서 크기가 2의 거듭제곱만큼 다른 것을 세트로 하여 인출하고 그 크기의 차를 괄호 속에 쓴다. 이는 각 항의 비트열 중에서 1비트만 0, 1의 어긋남이 있는 항의 세트를 찾아내고 그 어긋남의 장소를 괄호 내에 표시한다.

표에서 10진수 난의 0과 2를 비교하면 그 차이는 2^1이기 때문에 제1회의 비교란에 0, 2(2)라고 쓴다. 이 사항은 000000과 000010은 1개소만 0과 1이 틀리고 그 장소는 2^1 즉 아래에서 2자리 째인 것을 나타내고 있다. 마찬가지로 0과 8은 2^3의 차이이기 때문에 0, 8(8)이라고 쓴다.

이와 같은 비교를 1의 개수가 적은 그룹, 즉 0개의 그룹과 1개의 그룹, 1개의 그룹과 2개의 그룹, 2개의 그룹과 3개의 그룹과 같이 차례로 행하여 조합된 항을 전부 인출해서 차례로 써간다.

이때, 자신의 숫자보다 큰 수자와의 조합만을 만든다. 예를 들면 1의 개수가 1개인 그룹과 2개인 그룹을 비교할 때, 2와 6, 2와 10, 2와 12는 비교하지만 8과 6은 비교하지 않는다. 8에 대해서는 8과 10, 8과 12만을 비교한다.

이와 같이 하여 제1회째의 비교한 표 4.10이 완성된다. 이와 같이 비교작업을 할 때, 어느 수와도 세트로 되는 수가 없다면(예를 들면 표 4.10에서 설명한 예의 41), 이것에 특별한 표식(* 표)을 붙여 둔다.

【표 4.10】 퀸 · 맥클라스키의 방법에 의한 간략화

1의 개수에 의한 그룹	2진수 ABCDEF	10진수	제1회의 비교	제2회의 비교
0	000000	0	0, 2 (2)	
			0, 8 (8)	0, 2, 8, 10(2, 8)*
1	000010	2	2, 6 (4)	[0, 8, 2, 10(8, 2)]
	001000	8	2, 10 (8)	
2	000110	6	8, 10 (2)	2, 6, 10, 14(4, 8)*
	001010	10	8, 12 (4)	[2, 10, 6, 14(8, 4)]
	001100	12	6, 7 (1)	8, 12, 10, 14(4, 2)*
3	000111	7	6, 14 (8)	[8, 10, 12, 14(2, 4)]
	001110	14	10,14 (4)	
	101001	41*	12,14 (2)	6, 14, 7, 15(8, 1)*
4	001111	15	7, 15 (8)	[6, 7, 14, 15(1, 8)]
			14,15 (1)	

[ ] 내는 용장으로 생략된다.

다음에 제1회의 비교 결과를 사용해서 제2회의 비교를 행한다. 우선, 제1회의 비교 결과의 그룹에서 앞과 마찬가지로 인접 그룹 사이에서 괄호 내의 숫자가 같은 것을 선출하여 2의 거듭제곱차가 있는가의 여부를 비교하고 차이가 있으면 이들을 세트로 하여 제2회의 비교란에 쓴다. 괄호 속에는 앞의 숫자에 계속하여 새로운 세트의 차이 숫자를 쓴다.

이것은 제1회의 비교 결과에 대해서 다시 0, 1이 1개만 다른 조합이 있는가의 여부를 조사하고 있다면 그들을 세트로 하여 그 0, 1의 다른 위치를 괄호 속에 쓴 것을 의미한다. 이때, 조합의 숫자가 같다면 숫자의 순서에 관계없이 동일한 세트로서 1회만 쓰면 된다.

이 예에서는 0, 2(2)와 8, 10(2)의 세트는 (2)가 공통이며, 다시 양쪽의 차이가 2^3이므로 이들을 새로이 세트로 하여 제2회의 비교란에 0, 2, 8, 10(2)라고 쓴다. 한편, 0, 8(8)과 2, 10(8)은 마찬가지로 (8)이 공통이며 양쪽의 차이는 2^1이므로 이들은 세트로 되어 0, 8, 2, 10(8, 2)라고 쓰지만 이 두 조합은 결국 같은 것이며 한쪽은 불필요한 것이기 때문에 전자만을 쓰고 후자는 생략한다. 표에서는 [ ] 속에 넣어 참고하기 위해 나타내고 있다.

이와 같이 모든 조합을 조사하고 조합 상대가 없는 것에는 전과 마찬가지

로 ＊표를 붙인다. 이하, 동일하게 제3회, 제4회와 비교를 계속하여 모두에 조합 없음의 표식이 붙을 때까지 행한다. 이 예에서는 제3회의 비교에서 조합 없음의 ＊표가 전부의 항에 붙여졌다. ＊표가 붙여진 항이 주항이 된다.

다음에, 전 단계에서 구해진 주항 속에서 함수를 표현하는 데에 필요한 주항을 선출한다. 이를 위해서 표 4.11과 같이 주항 선택표를 만든다. 이 표는 가로축에 최초의 10진수, 즉 최소항을 모두 쓰고 세로축에 ＊표를 붙인 조합, 즉 주항을 쓴 것이다.

세로축의 각 주항을 유도해 내는 최소항에 ×표를 붙인다. 세로축의 41은 대응하는 가로축의 41인 곳 1개소에 ×표가 붙는다.

【표 4.11】 주항의 선택표

	0	2	6	7	8	10	12	14	15	41
41										⊗
0, 2, 8, 10(2, 8)	⊗	⊗			⊗	⊗				
2, 6, 10, 14(4, 8)		×	×			×		×		
8, 12, 10, 14(4, 2)					⊗	⊗	⊗	⊗		
6, 14, 7, 15(8, 1)			⊗	⊗				⊗	⊗	

표가 완성되면 다음에 이 표에서 각 최소항을 모두 1회 이상 포함하는 주항의 조합을 구한다. 각 최소항에 대응하는 열 속에 적어도 1개 이상의 ×표가 들어가는 주항의 조합을 취하면 된다. 각 최소항에 대응하는 열 속에 ×표가 한 개 만 있을 경우 그 ×표에 대한 주항은 필수항이 되므로 생략하는 것은 불가능하다.

이와 같은 주항을 찾아서 그 주항에 속하는 ×표에 ○표를 붙인다. 표에서는 41의 열에는 ×표가 1개뿐이므로 이것에 ○표를 붙이면 주항 41은 필수항이다. 마찬가지로 0의 열에서는 ×표가 1개밖에 없으므로 이 ×표에 ○표가 붙는다.

표의 예에서는 필수항이 4개 있고 이 4개의 주항에 모든 최소항이 포함되므로 2, 6, 10, 14의 세트(주항)는 불필요한 항이 된다. 일반적으로는 필수항만으로는 ○표가 1개도 사용되지 않는 최소항이 남으므로 재차 이들의 최소항을 모두 포함하는 가장 간단한 주항의 세트를 찾아 ○표를 붙이다.

이와 같이 하여 필요한 주항을 찾아내면 논리합으로 주어진 함수를 표현한다. 주항을 나타내는 숫자의 세트에서 논리 변수로 고쳐 쓰기 위해 10진수를 먼저 2진수로 고친다.

이때, 괄호 속의 숫자는 이 2진수에 있어서 제외하는 자리의 가중치를 나타내고 있으므로 그 자리를 소거한 후에 나머지의 자리를 대응한 논리 변수로 고쳐 쓰면 된다.

예를 들면

$$41 \longrightarrow 101001 \longrightarrow A\overline{B}C\overline{D}\overline{E}F$$

$$0,\ 2,\ 8,\ 10(2,\ 8) \longrightarrow \left\{\begin{matrix} 0\,0\,\cancel{0}\,0\,\cancel{0}\,0 \\ 0\,0\,\cancel{0}\,0\,\cancel{1}\,0 \\ 0\,0\,\cancel{1}\,0\,\cancel{0}\,0 \\ 0\,0\,\cancel{1}\,0\,\cancel{1}\,0 \end{matrix}\right\} \longrightarrow \overline{A}\overline{B}\overline{D}\overline{F}$$

$$8,\ 12,\ 10,\ 14(4,\ 2) \longrightarrow \left\{\begin{matrix} 0\,0\,1\,\cancel{0}\,\cancel{0}\,0 \\ 0\,0\,1\,\cancel{1}\,\cancel{0}\,0 \\ 0\,0\,1\,\cancel{0}\,\cancel{1}\,0 \\ 0\,0\,1\,\cancel{1}\,\cancel{1}\,0 \end{matrix}\right\} \longrightarrow \overline{A}\overline{B}C\overline{F}$$

$$6,\ 14,\ 7,\ 15(8,\ 1) \longrightarrow \left\{\begin{matrix} 0\,0\,\cancel{0}\,1\,1\,\cancel{0} \\ 0\,0\,\cancel{1}\,1\,1\,\cancel{0} \\ 0\,0\,\cancel{0}\,1\,1\,\cancel{1} \\ 0\,0\,\cancel{1}\,1\,1\,\cancel{1} \end{matrix}\right\} \longrightarrow \overline{A}\overline{B}DE$$

가 된다. { } 안의 어느 경우를 소거를 해도 결과는 같다. 최종적으로 얻어진 간략화 결과는 다음과 같다.

$$f = A\overline{B}C\overline{D}\overline{E}F + \overline{A}\overline{B}\overline{D}\overline{F} + \overline{A}\overline{B}C\overline{F} + \overline{A}\overline{B}DE$$

예 $f = AB\overline{C}\overline{D} + A\overline{B}\overline{C}\overline{D} + \overline{A}\overline{B}\overline{C}D + \overline{A}B\overline{C}D + AB\overline{C}D + A\overline{B}\overline{C}D$
$+ \overline{A}\overline{B}C\overline{D} + \overline{A}BC\overline{D} + \overline{A}BCD$를 간략화하시오.

표 4.12에 나타내는 바와 같이 주어진 최소항을 2진수로 표시하고 다시 10진수로 변환한다. 최소항 속에 있는 1의 수에 따라 3개의 그룹으로 구분하여 인접그룹 사이에서 제1회의 비교를 행하고, 다시 제2회의 비교를 행한다. 그 결과, 조합이 없는 *표가 5개 붙어서 주항이 5개가 있음을 알 수 있다.

표 4.13에 최소항과 주항의 대응관계를 표시하였다. 필수항은 3개 있으며, 최소항 중에서 7을 제외한 모든 최소항이 포함되었다. 7에 관해서는 5, 7(2)와 6, 7(1)의 두 세트가 있어 어느 것을 선택해도 간략화의 정도는 같다.

【표 4.12】 예제 5.7의 간략화

최소항 $ABCD$	10진수	제1회의 비교	제2회의 비교
0001	1	0, 5(4)	1, 5, 9, 13(4,8)*
0010	2	1, 9(8)	8, 9, 12, 13(1,4)*
1000	8	2, 6(4)*	
		8, 9(1)	
		8, 12(4)	
0101	5	5, 7(2)*	
0110	6	5, 13(8)	
1001	9	6, 7(1)*	
1100	12	9, 13(4)	
0111	7	12,, 13(1)	
1101	13		

【표 4.13】 예제 5.7의 주항 선택표

	1	2	5	6	7	8	9	12	13
2, 6(4)		⊗		⊗					
5, 7(2)			⊗		⊗				
6, 7(1)				⊗	⊗				
1, 5, 9, 13(4, 8)	⊗		⊗				⊗		⊗
8, 9, 12, 13(1, 4)						⊗	⊗	⊗	⊗

다음에 10진수를 논리 변수로 변환한다. 3개의 필수항은 다음과 같이 된다.

$$2,\ 6(4) \longrightarrow 0\,\not{0}\,1\,0 \longrightarrow \overline{A}\,C\,\overline{D}$$
$$1,\ 5,\ 9,\ 13(4,\ 8) \longrightarrow \not{0}\,\not{0}\,0\,1 \longrightarrow \overline{C}\,D$$
$$8,\ 9,\ 12,\ 13(1,\ 4) \longrightarrow 1\,\not{0}\,0\,\not{0} \longrightarrow A\,\overline{C}$$

다시, 나머지의 2개 주항은 다음과 같이 된다.

$$5,\ 7(2) \longrightarrow 0\,1\,\not{0}\,1 \longrightarrow \overline{A}BD$$
$$6,\ 7(1) \longrightarrow 0\,1\,1\,\not{0} \longrightarrow \overline{A}BC$$

그래서 3개 필수항과 2개 주항 중 한 개를 사용하여 논리합을 만들면 다음과 같이 간략화된 함수가 2개의 형으로 구해진다.

$$f = \overline{A}\,C\overline{D} + \overline{C}D + A\,\overline{C} + \overline{A}BD$$

$$f = \overline{A}\,C\overline{D} + \overline{C}D + A\,\overline{C} + \overline{A}BC$$

두 식의 간략화 정도는 같기 때문에 어느 것을 선택해도 좋다.

C.H.A.P.T.E.R

05

플립플롭

5.1 SR 플립플롭

5.2 동기식 SR 플립플롭

5.3 D 플립플롭

5.4 JK 플립플롭

5.5 T 플립플롭

5.6 주종 플립플롭

플립플롭(flip-flop)은 2가지 상태를 가지고 입력에 따라서 0 또는 1을 취하는 회로이며, 1비트의 상태를 기억할 수가 있다. 2가지 상태를 세트(set) 상태, 리셋(reset) 상태라 한다. 디지털 회로에 있어서는 통상 동기 방식이 채용되므로 플립플롭의 상태 변화는 입력 레벨이 변화된 바로 뒤에 도래하는 클립 펄스(clock pulse)에 의해서 행해진다.

이 장에서는 특히 언급하지 않는 한 플립플롭의 변화는 클럭 펄스의 입상(rising edge)에 있어서 행해지는 것으로 한다(실제의 회로에서는 입하에서 동작하는 것도 있다). 또한 회로는 정논리(positive logic)로 한다.

플립플롭에는 SR, D, T, JK의 여러 가지 형식이 있다.

5.1 SR 플립플롭

SR 플립플롭은 2개의 입력 S(Set), R(Reset) 과 2개의 출력 Q, $\overline{Q}$를 가지며, NOR 게이트와 NAND 게이트를 이용하여 구성할 수 있다. 번서 NOR 세이트로 구성한 SR 플립플롭에 대해 알아보자

그림 5.1에는 먼저 NOR 게이트를 이용한 SR 플립플롭의 회로도를 나타내었다.

그 기능을 우선 RS 플립플롭을 통해 설명한다. 이 회로가 리셋상태에 있을 때, 입력 S가 1이 되면 세트되어 출력 Q에 1을 발생시키고 또한 $\overline{Q}$는 반대 출력 0이 된다. 이것이 세트 상태이다. 또한 회로가 세트 상태에 있을 때, 입력 R이 1이 되면 클럭 펄스의 도착에 의해 리셋되어 출력 Q는 0, $\overline{Q}$는 1이 된다. 이것이 리셋 상태이다.

입력 S, R이 모두 1이 되면 내부 상태는 불안정하게 된다. 그래서 입력 S, R은 동시에 1이 되지 않는 제한 조건이 필요하다. 입력 S, R이 모두 0일 때, 세트 상태에서 입력 S가 1일 때, 또는 리셋 상태에서 입력 R이 1일 때는 클럭이 와도 상태는 변화하지 않는다. 일반적으로 이와 같이 클럭에 의해 동작

하는 플립플롭을 동기식 플립플롭(clocked flip-flop)이라 한다.

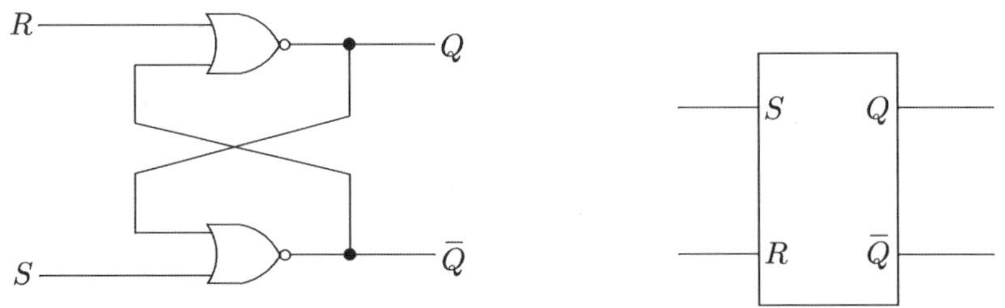

그림 5.1 NOR 게이트를 이용한 SR 플립플롭의 회로도

그림 5.1의 SR 플립플롭의 동작과정을 보면, NOR 게이트는 입력이 모두 0일 때만 출력이 1이 되고 그 외에는 모두 (어떤 입력이 하나라도 1이면) 출력이 0이 된다.

RS 플립플롭의 동작(앞에서 설명한 바와 같이 출력은 Q^{t+1}과 $\overline{Q^{(t+1)}}$ 상태가 있으나, 출력의 상태는 반대여야 하므로 Q^{t+1}만을 나타냄)은 다음과 같다.

① 현재 상태 Q^t가 0일 때, S = 0, R = 0이면 다음 상태 Q^{t+1}은 현재 상태가 그대로 0이 된다. 또한, 현재 상태 Q^t가 1일 때, S = 0, R = 0이면 다음 상태 Q^{t+1}은 현재 상태가 그대로 1이 된다. 따라서, 이러한 상태를 무변화 상태(hold state)라 한다.

② 현재 상태 Q^t가 0일 때, S = 0, R = 1이면 다음 상태 Q^{t+1}은 0이 된다. 또한, 현재 상태 Q^t가 1일 때, S = 0, R = 1이면 다음 상태 Q^{t+1}은 0이 된다. 이러한 상태를 리셋 상태(reset state)라 한다.

③ 현재 상태 Q^t가 0일 때, S = 1, R = 0이면 다음 상태 Q^{t+1}은 1이 된다. 또한, 현재 상태 Q^t가 1일 때, S = 1, R = 0이면 다음 상태 Q^{t+1}은 1이 된다. 이러한 상태를 셋 상태(set state)라 한다.

④ 현재 상태 Q^t가 0일 때, S = 1, R = 1이면 다음 상태 Q^{t+1}은 0이 되고 $\overline{Q^{t+1}}$도 0이 된다. 또한, 현재 상태 Q^t가 1일 때, S = 1, R = 1이면 다음 상태 Q^{t+1}은 0이 되고 $\overline{Q^{t+1}}$도 0이 된다. 이와 같이 2개의 출력이 모두

0으로 같게 되어 플립플롭의 조건을 위배한다. 이러한 상태를 금지 상태(inhibit state)라 한다.

표 5.1에는 NOR 게이트를 이용한 SR 플립플롭의 특성표(characteristic table) 및 여기표(excitation table)이다.

【표 5.1】 NOR 게이트를 이용한 SR 플립플롭의 특성표 및 여기표

S	R	Q^t	Q^{t+1}
0	0	0	0
0	1	0	0
1	0	0	1
1	1	0	?

(Q^t = 0일 때)

S	R	Q^t	Q^{t+1}
0	0	1	1
0	1	1	0
1	0	1	1
1	1	1	?

(Q^t = 1일 때)

(a) 특성표

Q^t	Q^{t+1}	S	R
0	0	0	×
0	1	1	0
1	0	0	1
1	1	×	0

(표 속의 ×는 don't care를 의미)

(b) 여기표

그림 5.2에는 먼저 NAND 게이트를 이용한 SR 플립플롭의 회로도를 나타내었다.

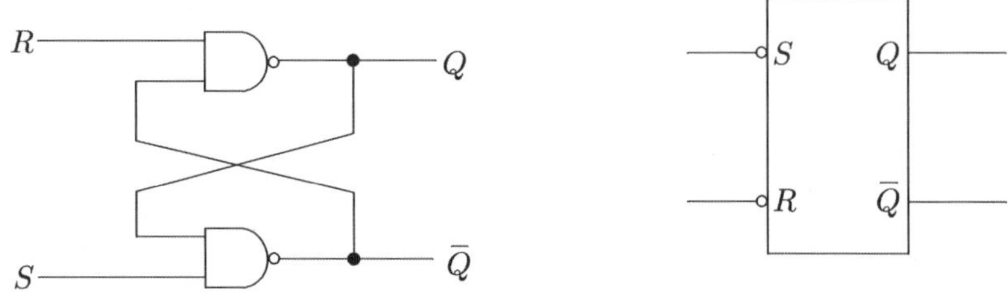

그림 5.2 NAND 게이트를 이용한 SR 플립플롭의 회로도

그림 5.2의 SR 플립플롭의 동작과정을 보면, NAND 게이트는 입력이 모두 1일 때만 출력이 0이 되고, 그 외에는 출력이 1이 된다.

NOR 게이트로 구성한 플립플롭과 반대로 모두 1이면 무변화 상태이며, S = 1, R = 0이면 Q^t의 다음 상태 Q^{t+1}는 현재 상태와 관계없이 리셋 상태로 된다.

또한, S = 0, R = 1이면 Q^t의 다음 상태 Q^{t+1}는 현재 상태와 관계없이 세트 상태로 되며, S = 0, R = 0이면 Q^t의 다음 상태 Q^{t+1} = 1와 $\overline{Q^{(t+1)}}$ = 1이 되어 불확실한 상태로 금지상태가 된다.

표 5.2에는 NAND 게이트를 이용한 SR 플립플롭의 특성표를 나타내었다.

【표 5.2】 NAND 게이트를 이용한 SR 플립플롭의 특성표

S	R	Q^t	Q^{t+1}
0	0	0	?
0	1	0	1
1	0	0	0
1	1	0	0

(Q^t = 0일 때)

S	R	Q^t	Q^{t+1}
0	0	1	?
0	1	1	1
1	0	1	0
1	1	1	1

(Q^t = 1일 때)

5.2 동기식 SR 플립플롭

앞서 설명한 플립플롭은 클럭 펄스(clock pulse : CP)에 의해 동작하지 않고 입력을 가했을 때 바로 출력이 변하는 플립플롭이다. 이와 같은 플립플롭을 비동기식 플립플롭이라 한다. 이와 달리 입력이 가해지더라도 클럭 펄스가 없으면 동작하지 않고 클럭 펄스가 있어야만 동작하는 동기식 플립플롭이 있다.

클럭은 주기적인 펄스열을 의미하며 이러한 주기적인 펄스열은 디지털 시스템에서 플립플롭들을 제어할 목적으로 사용되고 있다.

클럭 펄스가 있는 플립플롭은 트리거(trigger) 방식에 의해 레벨 트리거(level trigger) 방식과 에지 트리거(edge trigger) 방식으로 분류하며, 레벨 트리거 방식은 클럭 펄스 CP가 1인 동안에만 입력이 출력에 영향을 미치며, 에지 트리거 방식은 클럭 펄스 CP의 에지(상승 에지(positive edge) 또는 하강 에지(negative edge)) 동안에만 영향을 끼친다.

그림 5.3에는 클럭 SR 플립플롭의 출력파형을 나타내었다.

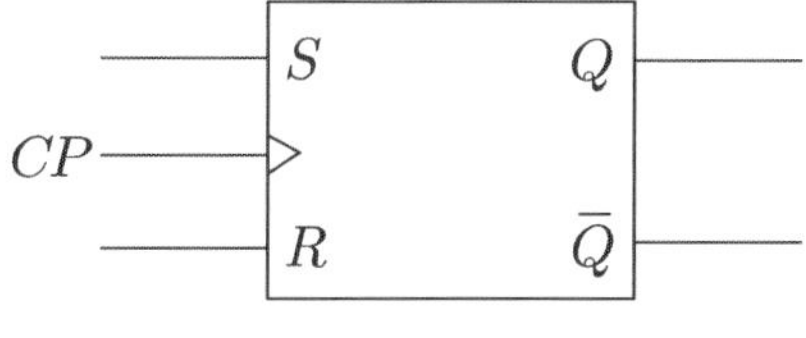

(a) 상승에지 클럭 플립플롭

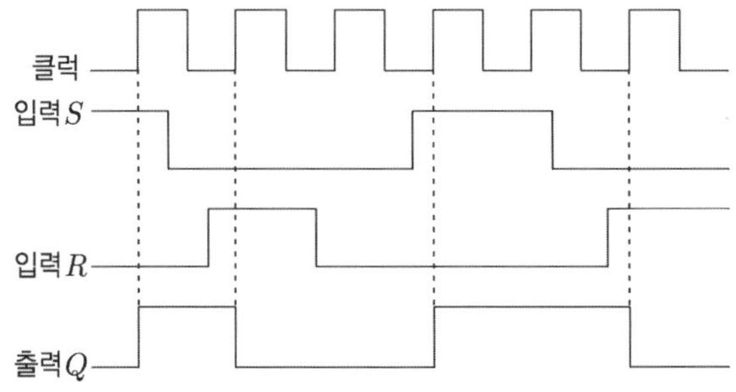

(b) 포지티브-에지 클럭 플립플롭의 출력파형

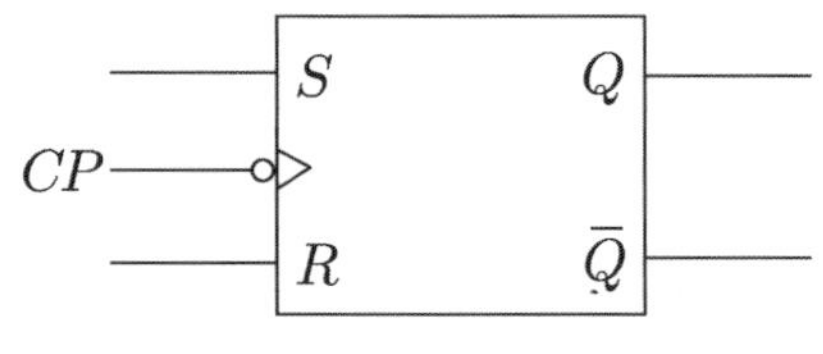

(c) 하강에지 클럭 플립플롭

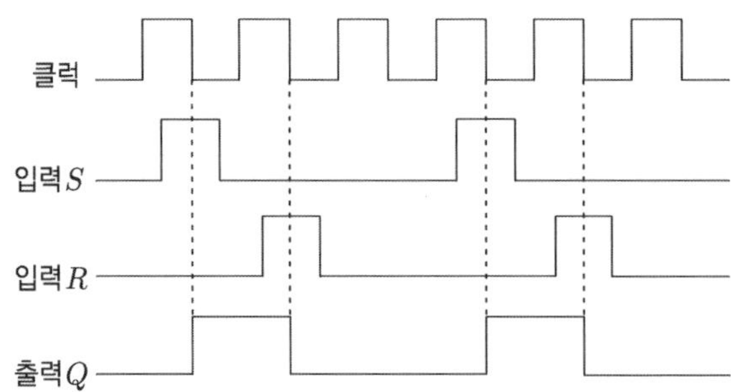

(d) 네거티브-에지 클럭 플립플롭의 출력파형

그림 5.3 클럭 SR 플립플롭의 출력파형

5.3 D 플립플롭

D 플립플롭은 S = 0, R = 0과 S = 1, R = 1인 입력은 불가능하게 하고, S = 1, R = 0과 S = 0, R = 1 입력만 가능하도록 한 플립플롭이다. D 플립플롭은 SR 플립플롭에 두 입력 신호값을 보수 즉, $R = \overline{S}$가 되도록 S값을 인버터를 통해 R에 연결하여 입력값을 출력 Q에 저장하는 플립플롭이다. 다시 말해서 하나의 입력 D만을 가지며, 입력값은 클럭에 의해 출력 Q에 전달된다.

그림 5.4의 (a)는 D 플립플롭의 블록도를 (b)에는 D 플립플롭의 회로도를 나타내었다.

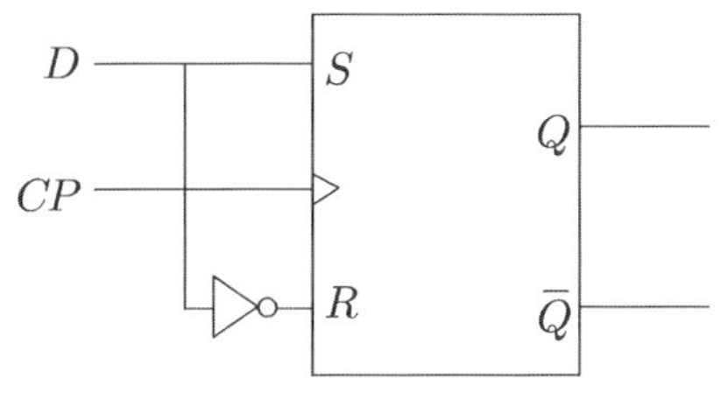

(a) D 플립플롭의 블록도

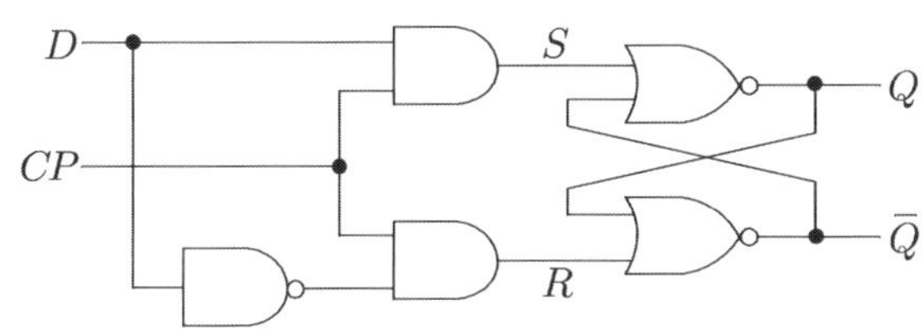

(b) D 플립플롭의 회로도

그림 5.4 (a) D 플립플롭의 블록도와 D 플립플롭의 회로도

표 5.3에는 D 플립플롭의 특성표와 여기표를 나타내었다.

【표 5.3】 D 플립플롭의 특성표와 여기표

D	Q^t	Q^{t+1}
0	0	0
1	0	1

(Q^t = 0일 때)

D	Q^t	Q^{t+1}
0	1	0
1	1	1

(Q^t = 1일 때)

(a) 특성표

Q^t	Q^{t+1}	D
0	0	0
0	1	1
1	0	0
1	1	1

(b) 여기표

5.4 JK 플립플롭

SR 플립플롭의 단점은 S = 1, R = 1인 경우에는 저장(또는 기억)되는 내용을 정할 수 없다는 것인데, JK 플립플롭은 SR 플립플롭이 가지는 문제점을 보완하기 위해 J = 1, K = 1인 경우에 이전의 저장내용을 보수로 하여 저장하도록 하였다.

JK 플립플롭은 SR 플립플롭에서 정의하지 않은 S = 1, R = 1인 경우까지 이용할 수 있도록 하는 SR 플립플롭의 개선하였다. JK 플립플롭은 기본 NOR 게이트로 구성한 SR 플립플롭에 2개의 AND 게이트를 이용하여 그릴 수 있다.

JK 플립플롭에서 J는 SR 플립플롭의 S에 해당하고, K는 SR 플립플롭의 R에 해당한다. J = 0, K = 0, J = 1, K = 0 및 J = 0, K = 1인 3가지 경우의 동작은 SR 플립플롭과 동일하다. 다만 J = 1, K = 1인 경우에는 이전 클럭의 저장값의 보수가 다시 저장된다. 따라서, J = 1, K = 1인 경우에 JK 플립플롭은 클럭값에 따라 상태가 반전(toggle)하는 토글 스위치와 같이 동작한다.

현재 상태 Q^t가 0일 때, J = 1, K = 1이면 다음 상태 Q^{t+1}은 1이 되고, 현재 상태 Q^t가 1일 때, J = 1, K = 1이면 다음 상태 Q^{t+1}은 0이 되어 반전된다.

그림 5.5의 (a)는 JK 플립플롭의 블록도를 (b)에는 JK 플립플롭의 회로도를 나타내었다.

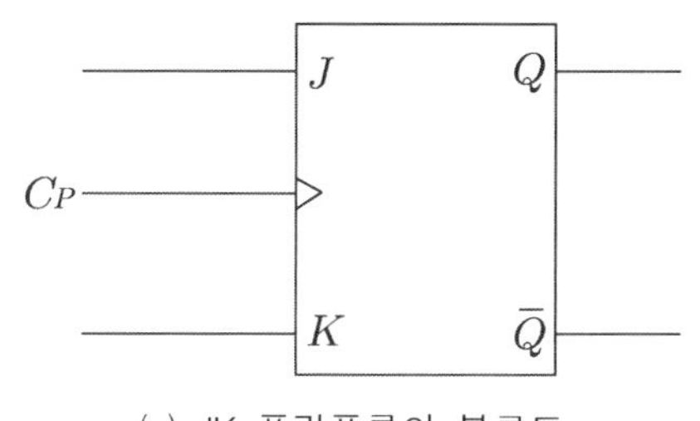

(a) JK 플립플롭의 블록도

(b) JK 플립플롭의 회로도

그림 5.5 (a) JK 플립플롭의 블록도와 JK 플립플롭의 회로도

표 5.4에는 JK 플립플롭의 특성표(characteristic table) 및 여기표(excitation table)이다.

【표 5.4】 JK 플립플롭의 특성표 및 여기표

J	K	Q^t	Q^{t+1}
0	0	0	0
0	1	0	0
1	0	0	1
1	1	0	1

(Q^t = 0일 때)

J	K	Q^t	Q^{t+1}
0	0	1	1
0	1	1	0
1	0	1	1
1	1	1	0

(Q^t = 1일 때)

(a) 특성표

Q^t	Q^{t+1}	J	K
0	0	0	x
0	1	1	0
1	0	x	1
1	1	x	0

(표 속의 x는 don't care를 의미)

(b) 여기표

그림 5.6에는 클럭 JK 플립플롭의 출력파형을 나타내었다.

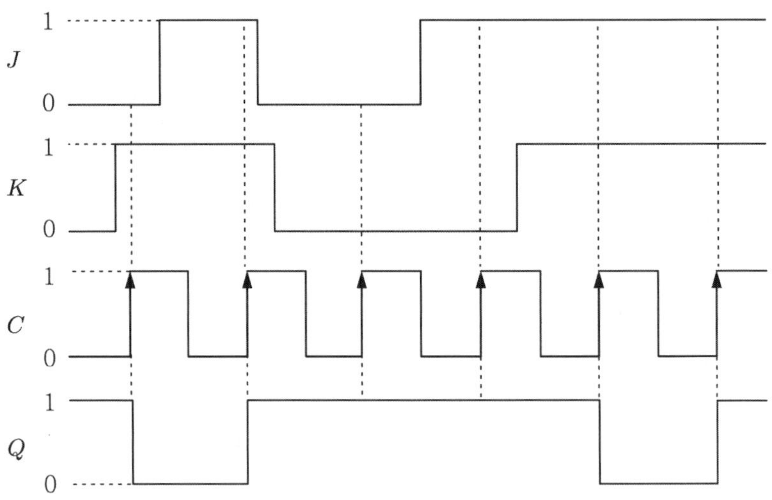

그림 5.6 클럭 JK 플립플롭의 출력파형

5.5 T 플립플롭

T 플립플롭은 JK 플립플롭의 J와 K 입력을 하나로 묶어서 하나의 입력신호 T로 동작시키는 플립플롭이다. T플립플롭 회로는 JK 플립플롭의 동작 중에서 T = 0 즉, J = 0, K = 0인 JK 플립플롭과 같이 동작하므로 출력은 변하지 않는다.

T = 1 즉, J = 1, K = 1인 JK 플립플롭과 같이 동작하므로 출력은 보수가 된다.

따라서, 입력이 모두 0이거나 1인 경우 만을 이용하는 플립플롭으로 클럭 펄스의 인가에 따라 출력 Q^{t+1}이 1과 0을 반복해서 나타나는 회로로 토글 플립플롭이라 한다.

그림 5.5의 (a)는 T 플립플롭의 블록도를 (b)에는 T 플립플롭의 회로도를 나타내었다.

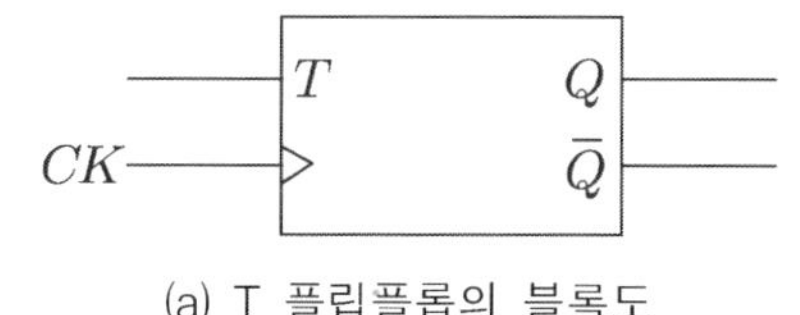

(a) T 플립플롭의 블록도

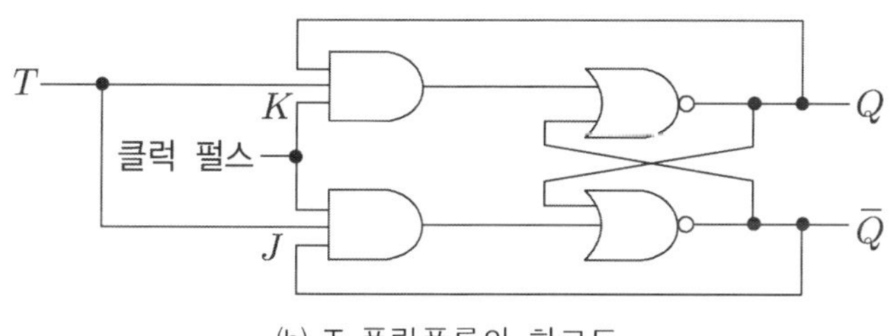

(b) T 플립플롭의 회로도

그림 5.7 T 플립플롭의 블록도와 T 플립플롭의 회로도

표 5.5에는 T 플립플롭의 특성표(characteristic table) 및 여기표(excitation table)이다.

【표 5.5】 T 플립플롭의 특성표 및 여기표

T	Q^t	Q^{t+1}
0	0	0
1	0	1

(Q^t = 0일 때)

T	Q^t	Q^{t+1}
0	1	1
1	1	0

(Q^t = 1일 때)

(a) 특성표

Q^t	Q^{t+1}	T
0	0	0
0	1	1
1	0	1
1	1	0

(b) 여기표

5.6 주종 플립플롭

주종(Master-Slave) 플립플롭은 2개의 플립플롭이 180° 위상 차이를 가지고 동작하도록 하며, 1개의 NOT 게이트를 연결하여 시간 펄스가 상승 또는 하강함에 따라 입력에 대응하는 출력이 변하도록 하여 SR 플립플롭, JK 플립플롭을 사용하여 구성할 수 있다.

일반적으로, 앞부분의 플립플롭은 주(master)로 동작을 하고, 뒷부분은 종(slave)으로 동작하는 플립플롭으로 클럭펄스 CP = 1이면 주 플립플롭이 동작하고, 클럭펄스 CP = 0으로 바뀔 때 종 플립플롭이 동작하게 된다.

그림 5.8은 주종 JK 플립플롭의 블록도와 회로도를 나타내었다.

그림 5.8에서 클럭펄스 CP = 1인 동안 출력값 Q_1은 입력값 J, K에 따라서 결정된다. 이때 종 플립플롭의 클럭펄스 CP = 0이 되어 출력 Q_2는 현재 상태를 그대로 유지하게 된다. 그러나 CP = 0이 되어 종 클럭펄스는 1이 되므로 Q_1에 저장되었던 출력값이 Q_2에 나타나게 된다.

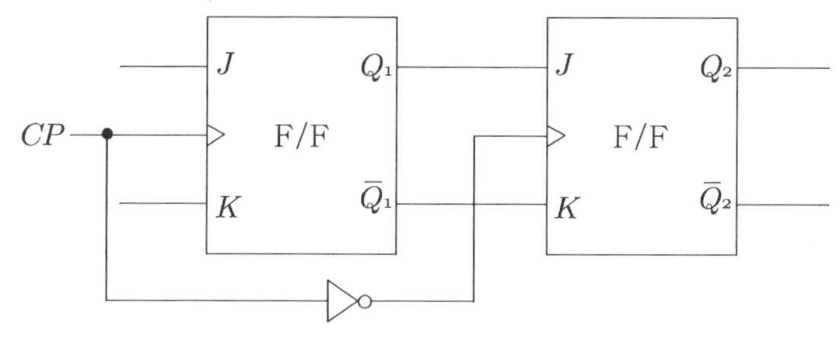

(a) 주종 JK 플립플롭의 블록도

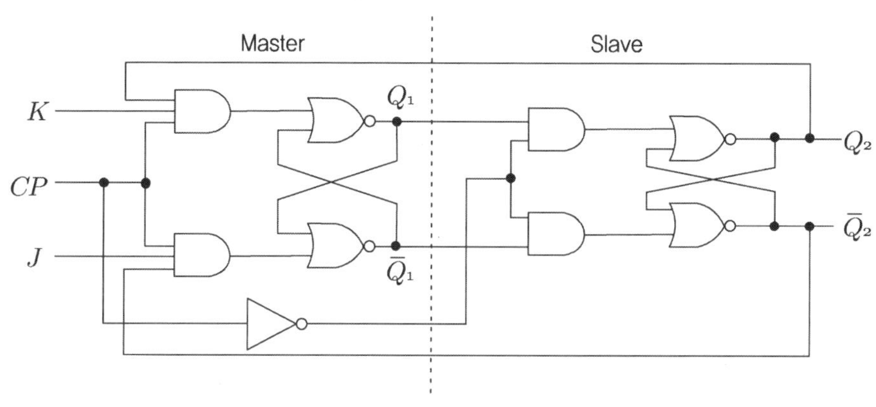

(b) 주종 JK 플립플롭의 회로도

그림 5.8 주종 JK 플립플롭의 회로

따라서, 주종 플립플롭의 각 플립플롭은 클럭펄스 CP에 따라 한쪽의 플립플롭이 동작할 때 다른 한쪽의 플립플롭은 동작하지 않는다. 그러므로 주종 플립플롭을 사용하면 JK 플립플롭에서 클럭 펄스 CP = 1인 동안 계속해서 출력이 보수가 취해지는 현상을 막을 수 있다.

JK 플립플롭으로 구성된 주종 JK 플립플롭은 JK 플립플롭과 같은 동작을 하므로 JK 플립플롭의 특성표를 이용하면 회로의 동작을 쉽게 이해할 수 있다.

그림 5.9는 입력 J, K 그리고 클럭펄스 CP의 변화에 따라 출력 Q가 어떻게 변화하는 지를 나타내는 출력파형이다.

시간 T_1에서 입력 J = 1, K = 0이므로 출력 Q_1은 1이 되지만, 최종출력 Q_2는 종의 클럭입력이 0인 상태이므로 Q_2 = 0이 된다.

T_2에서 클럭펄스 CP가 1에서 0이 되면 출력 Q_2에는 1이 나타나게 된다. 입력 J = 0, K = 1일 때, Q_1은 T_3에서 0이 되지만 Q_2는 T_4에서 0이 된다.

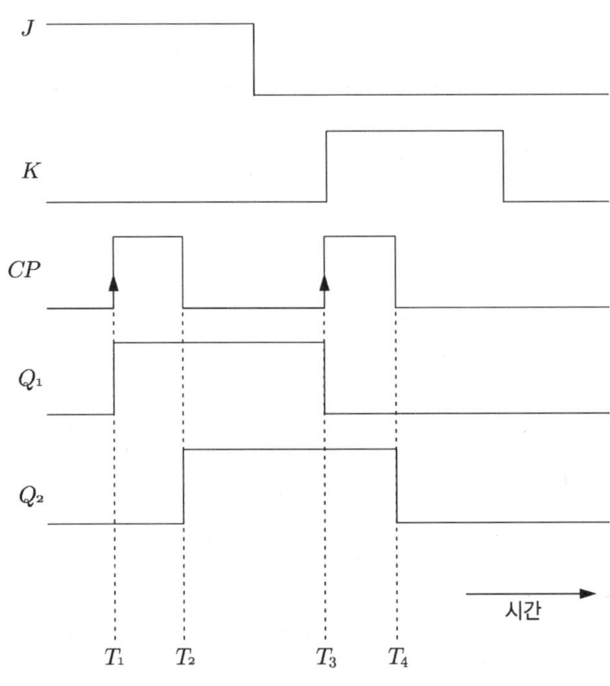

그림 5.9 주종 JK 플립플롭의 출력파형

C.H.A.P.T.E.R 06

순서 논리 회로

6.1 상태도와 상태표

6.2 여기표를 이용한 순서 논리 회로 설계

6.3 카운터의 설계

6.4 시프트 레지스터 및 응용 회로

조합 논리 회로(combinational logic)의 출력이 그 시점에서의 입력에 의해서만 정해지는 것에 반해 순서 논리 회로(sequential logic)의 출력은 그 시점에서의 입력뿐만 아니라 그 이전에 인가된 입력에도 의존한다. 그 이전에 인가된 입력은 회로의 내부 기억 회로에 축적되어 있어 이 기억 회로의 출력이 조합 논리 회로에 외부에서 직접 인가되는 입력과 함께 출력을 결정하는 것이다.

기억장치 및 순서회로의 변화가 클럭 펄스에 의하여 동작하는 회로를 동기 순서회로라 하고, 동기 회로와 달리 비주기적인 동작을 하는 회로를 비동기 순서회로라 한다. 디지털 시스템은 대부분 클럭에 의해서 동기가 된다. 순서회로는 조합회로와 정보를 기억하는 저장장치(플립플롭, 레지스터)로 구성되며, 이 플립플롭으로 이루어진 레지스터는 이전에 기억하였던 값이 조합회로로 feedback 된다. 따라서, 조합회로의 출력이 저장장치의 입력이 되어 조합회로의 출력은 이전 상태에 따라 새로운 상태로 변하게(다음 상태) 된다. 이전의 회로는 클럭펄스에 의해 동기화되어 동작하므로 클럭펄스가 레지스터에 입력될 때 출력은 변하게(다음 상태) 되고 다음 클럭펄스가 인가되면 동작을 하게 된다.

레지스터에 의해 기억된 이전의 입력은 클럭펄스에 의하여 발생하는 레지스터의 현재 출력에 의해 순서회로의 현재 상태를 결정하고 그 다음의 레지스터 상태를 결정하게 된다.

즉, 순서 논리 회로는 그림 6.1에 나타내는 바와 같이 조합 논리 회로와 내부 기억 회로로 구성되며, SR 플립플롭의 출력 변수 A, $\overline{A}$, B, $\overline{B}$는 각각의 AND 게이트의 입력에 해당 변수와 연결되어야 한다. Z는 순차회로의 출력이다.

AND 게이트의 입력 X는 외부 입력이고 $\overline{X}$ 로 표시된 입력은 X의 보수로부터 구해진다. A로 표시된 두 번째 입력은 플립플롭 A의 정상 출력에 연결됨을 나타낸다. 여기에서, CP는 플립플롭에 인가되는 클럭펄스이며, 플립플롭은 클럭펄스가 상승 에지에서 트리거 된다고 가정하면, 플립플롭의 값은 클럭

펄스가 끝날 때부터 다음 클럭펄스가 끝날 때까지 유지하게 되고, 이 순간 플립플롭의 출력값은 다음 상태값으로 변하게 된다.

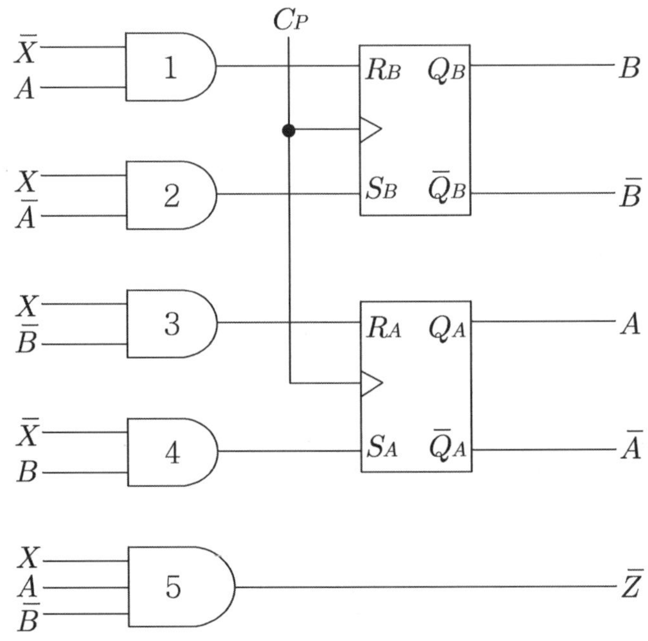

그림 6.1 동기식 순서 논리 회로

6.1 상태도와 상태표

순서 논리 회로의 동작은 입력, 출력, 그리고 플립플롭의 상태(메모리) 등으로 결정된다. 또한, 이들은 초기 상태로부터 시작하여 입력이 들어오면 그 입력과 그 시점에서의 상태(현재 상태)에 의해 결정되는 출력을 내보냄과 동시에 그 내부 상태가 변화하여 다음 상태로 변화해 간다. 이러한 상태를 나타내기 위해 상태표(state table), 상태도(state diagram)를 사용한다. 여기에서 현재 상태는 클럭 펄스가 발생하기 이전에 플립플롭이 기억하고 있는 상태를 말하며, 다음 싱태는 클럭 펄스가 인가된 후 플립플롭의 상태를 말한다. 이러한 상태표를 작성할 때에는 먼저 초기 상태로부터 시작한다.

순서회로를 설계 시에 필요한 플립플롭의 개수는 상태 수에 따라 결정되는데, 이때 상태의 총수가 2^n보다 적으면 순서회로에서 사용하지 않는 2진 상태가 존재한다는 것을 알 수 있다. 사용하지 않는 상태는 조합회로 부분을 설계하는 동안 don't care 조건으로 생각한다.

순서 논리 회로의 동작에 대한 상태도를 그림 6.2와 같이 표현할 수 있다.

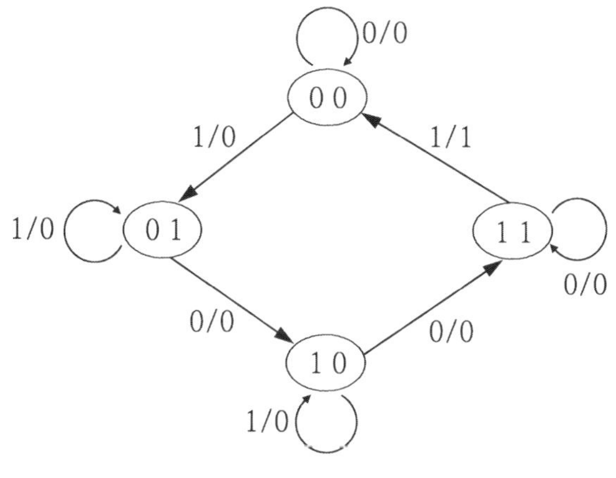

그림 6.2 상태도

그림 6.2의 상태도는 각 원 내부에 있는 2진 값은 플립플롭의 상태(4개의 상태)를 나타내고, 슬래쉬 (/)를 기준으로 왼쪽에 있는 2진수는 입력값이며, 오른쪽에 있는 2진수는 현재 상태 동안의 출력값이 된다. 상태들을 원으로 표시하고 현재 상태에서 다음 상태로 변화되는 과정은 화살표가 있는 직선으로 표시한다.

예를 들어, 상태 00에서 01로 가는 화살표에 1/0이 표시되어 있는데, 이것은 현재 상태가 $Q_AQ_B = 00$에서 다음 상태 $Q_AQ_B = 01$로 변화시키는 입력 x = 1이고, 이때 출력 y = 0이라는 것을 의미한다. 한 원에서 출발하여 자기 자신의 원으로 되돌아 가는 경우는 상태 변화가 일어나지 않는다는 것을 의미한다. 또한, 상태 00에서 0/0으로 표시되고 화살표는 다시 원으로 향하고 있는데 이것은 현재 상태 $Q_AQ_B = 00$에서 입력 x = 0일 때 다음 상태는 현재 상태와 같게 되고, 현재 상태 $Q_AQ_B = 00$에서 입력 x = 0일 경우 출력 y = 0이 된다는 것을 의미한다.

그림 6.2의 상태도를 보고 상태표를 작성해보자. 앞에서 언급한바와 같이 순차회로는 입력, 출력, 플립플롭으로 구성된다. 표 6.1은 그림 6.2에 대한 상태표를 나타내었다. 이 상태표는 현재상태, 다음상태 그리고 출력으로 되어있다. 현재 상태는 클럭 펄스가 인가되기 전의 상태이고, 다음 상태는 클럭펄스가 인가된 후의 플립플롭의 상태를 나타내며, 출력은 현재 상태 동안의 출력 변수를 나타내었다.

【표 6.1】 그림 6.2의 상태표

현재상태	다음상태		출력	
	x=0	x=1	x=0	x=1
Q_A Q_B	Q_A Q_B	Q_A Q_B	y	y
0 0	0 0	0 1	0	0
0 1	1 0	0 1	0	0
1 0	1 1	1 0	0	0
1 1	1 1	0 0	0	1

표 6.1의 상태도를 보면, 다음 상태에서 Q_A가 1이 되는 경우는 x = 0일 때 $Q_A Q_B$ = 01, $Q_A Q_B$ = 10, $Q_A Q_B$ = 11이고 x = 1일 때 $Q_A Q_B$ = 10일 때 4번이다. 또한, Q_B가 1이 되는 경우는 x = 0일 때 $Q_A Q_B$ = 10, $Q_A Q_B$ = 11이고 x = 1일 때 $Q_A Q_B$ = 00, $Q_A Q_B$ = 01일 때 4번이다.

따라서, 표 6.1의 상태표를 이용하여 카르나 맵에 의해 간략화하면 다음과 같다.

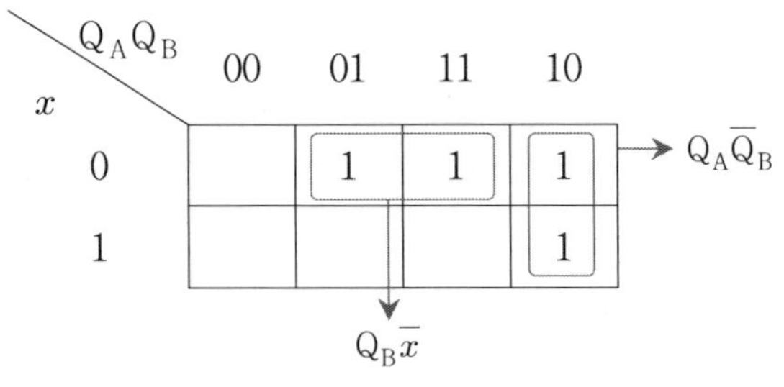

$$Q_A = Q_B\overline{x} + Q_A\overline{Q}_B$$

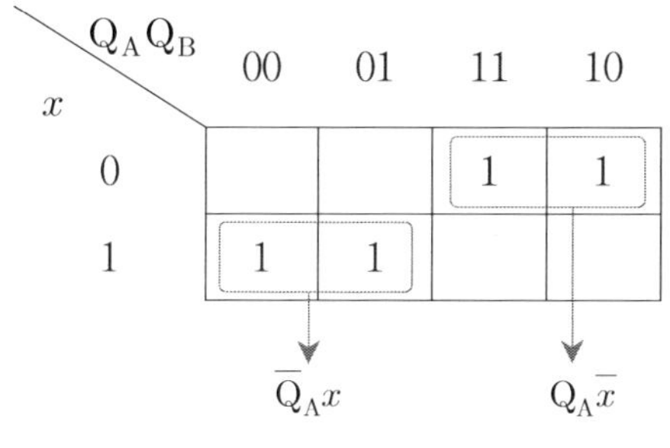

$$Q_B = \overline{Q}_A x + Q_A \overline{x}$$

그림 6.3 표 6.1의 상태도에 대한 카르나 맵

$$Q_A = Q_B \overline{x} + Q_A \overline{x} + Q_A Q_B$$

$$= Q_B \overline{x} + (\overline{Q}_B + \overline{x}) Q_A$$

$$= Q_B \overline{x} + \overline{(Q_B \cdot x)}\, Q_A$$

$Q_B \overline{x} = S_A$, $Q_B \cdot x = R_A$라 하면

$Q_A = S_A + \overline{R}_A Q_A$가 되며

또한

$$Q_B = \overline{Q}_A x + Q_A \overline{x}$$

$\overline{Q}_A x = S_B$, $Q_A \overline{x} = R_B$라 하면

$Q_B = S_B + R_B$가 된다.

그림 6.1의 동기식 순서 논리 회로에서 알 수 있듯이 A 플립플롭(아래쪽 플립플롭)의 S입력은 부울함수 $\overline{Q_B \overline{x}}$와 같고 R의 입력은 $\overline{Q}_B x$와 같음을 알 수 있으며 B 플립플롭(윗쪽 플립플롭)의 S입력은 부울함수 $\overline{Q}_A x$와 같고, R의 입력은 $Q_A \overline{x}$와 같음을 알 수 있다.

6.2 여기표를 이용한 순서 논리 회로 설계

순서 논리 회로의 설계는 필요한 플립플롭의 종류와 개수를 결정하고 조합 논리 회로를 설계한 후에 플립플롭과 연결하여 회로를 구성한다. 플립플롭의 수는 필요한 상태수에 의해 결정된다.

일반적으로 순서 논리 회로의 설계 절차는 다음과 같다.

① 순서 논리 회로의 동작과정을 올바르게 정의한다.

② 회로에 대한 상태도, 상태표에서 상태가 문자로 표시되어 있으면 문자에 2진수를 부여한다.

③ 사용할 플립플롭의 개수와 종류를 결정한다.

④ 상태표로부터 여기표와 출력표를 만든다.

⑤ 카르나 맵을 이용하여 출력 함수와 플립플롭의 입력함수를 간략화하여 구한다.

⑥ 순서 논리 회로를 그린다.

그림 6.4에 있는 상태도를 가진 순서 논리 회로를 JK 플립플롭을 이용하여 설계하시오.

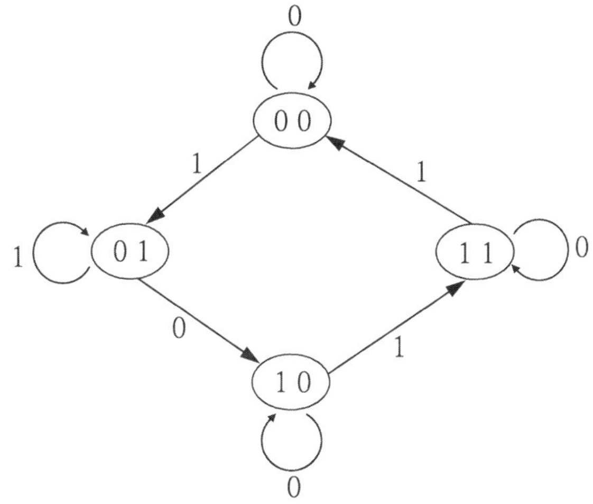

그림 6.4 상태도

상태도에서 알 수 있듯이 슬래쉬(/)가 없이 1개의 2진수만 있으므로 이 회로는 입력변수만 있고 출력변수는 없다는 것을 알 수 있다. 그리고 4개의 상태가 존재하므로 플립플롭의 수는 2개가 필요하고 이때 입력변수를 x라 하자.

상태도를 살펴보면 현재상태 00에서 입력 x = 0이면 다음상태는 00(현재 상태 유지)가 되고, x = 1이면 다음상태가 01이 된다.

현재상태 01에서 입력 x = 0이면 다음상태는 10이 되고, x = 1이면 다음상태가 01(현재상태 유지)이 된다.

현재상태 10에서 입력 x = 0이면 다음상태는 10(현재상태 유지)이 되고, x = 1이면 다음상태가 11이 된다.

마지막으로 현재상태 11에서 입력 x = 0이면 다음상태는 11(현재상태 유지)이 되고, x = 1이면 다음상태가 00이 된다.

이와 같이 그림 6.4의 상태도를 이용하여 상태표를 작성하면 표 6.2와 같다.

【표 6.2】 그림 6.4에 대한 상태표

현재상태	다음상태	
	x = 0	x = 1
Q_A Q_B	Q_A Q_B	Q_A Q_B
0 0	0 0	0 1
0 1	1 0	0 1
1 0	1 0	1 1
1 1	1 1	0 0

표 6.2를 이용하여 JK 플립플롭의 여기표를 작성하면 표 6.3과 같다.

【표 6.3】 그림 6.4에 대한 여기표

현재상태	입력	다음상태	플립플롭	
Q_A Q_B	X	Q_A Q_B	J_A K_A	J_B K_B
0 0	0	0 0	0 X	0 X
0 0	1	0 1	0 X	1 X
0 1	0	1 0	1 X	X 1
0 1	1	0 1	0 X	X 0
1 0	0	1 0	X 0	0 X
1 0	1	1 1	X 0	1 X
1 1	0	1 1	X 0	X 0
1 1	1	0 0	X 1	X 1

JK 플립플롭에 대한 여기표는 현재상태 Q(t)에서 다음상태(Q(t+1) (표 6.2에서는 현재상태 A에서 다음상태 A)로 되기 위한 입력조건으로 현재상태 A = 0에서 다음상태 A = 0은 J_A = 0, K_A = x가 되고, 현재상태 A = 0에서 다음상태 A = 1은 J_A = 1, K_A = x가 됨을 알 수 있다. 위에서 설명한 내용을 이용하면 나머지 상태에 대해서도 쉽게 작성할 수 있다.

다음으로 카르나 맵을 이용하여 JK 플립플롭 입력변수를 간략화하는 과정은 다음과 같다.

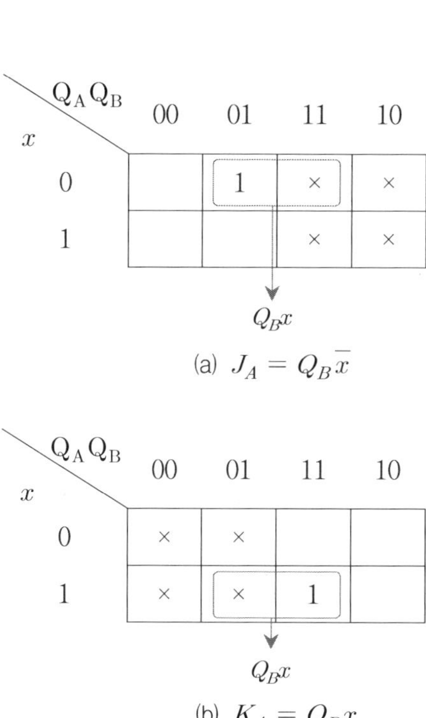

(a) $J_A = Q_B\overline{x}$

(b) $K_A = Q_B x$

x \ Q_AQ_B	00	01	11	10
0		×	×	
1	1	×	×	1

(c) $J_B = x$

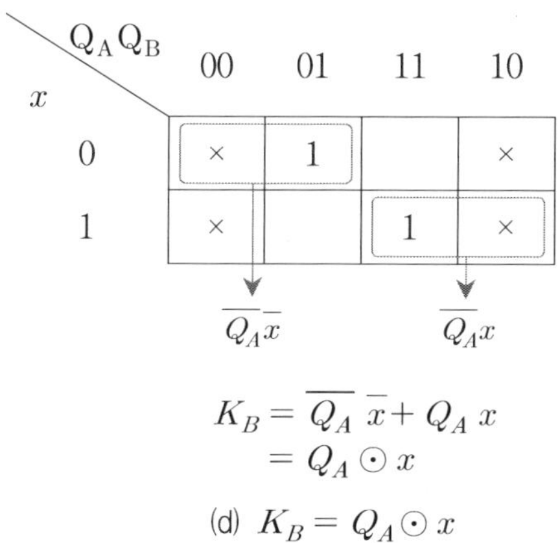

$$\overline{Q_A}\,\overline{x} \qquad \overline{Q_A}x$$

$$K_B = \overline{Q_A}\,\overline{x} + Q_A x$$
$$= Q_A \odot x$$

(d) $K_B = Q_A \odot x$

그림 6.5 표 6.3에 대한 플립플롭의 간략화

그림 6.6에서 간략화된 플립플롭의 입력변수는 다음과 같다.

$$J_A = Q_B \overline{x}$$

$$K_A = Q_B x$$

$$J_B = x$$

$$K_B = \overline{Q}_B \overline{x} + Q_A x = Q_A \odot x$$

간략화된 입력 변수를 이용하여 순서 논리 회로를 설계하면 그림 6.6과 같다.

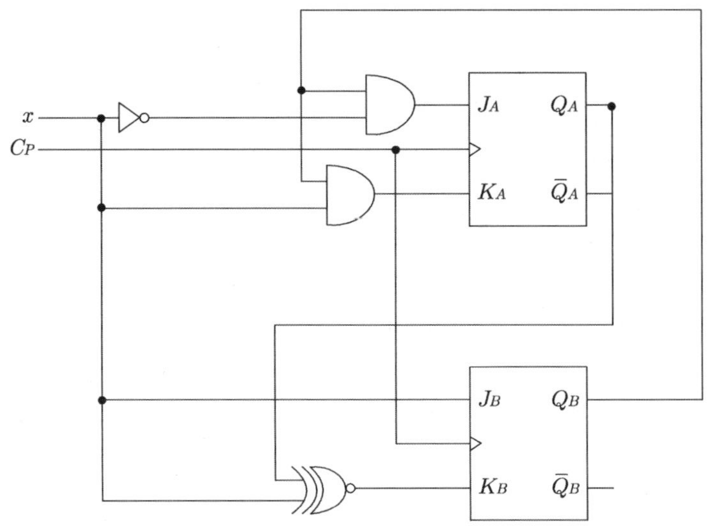

그림 6.6 그림 6.4의 상태도를 이용한 순서 논리 회로

다음 2진 순서를 SR 플립플롭, JK 플립플롭, D 플립플롭 그리고 T 플립플롭을 이용하여 카운터를 설계하시오.

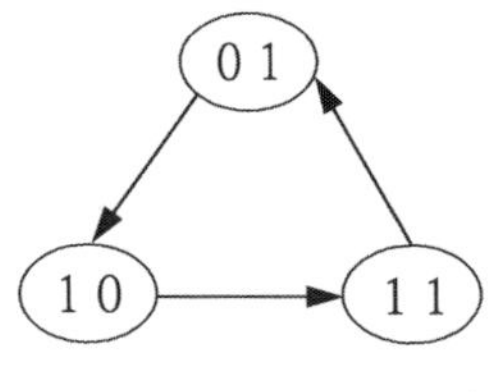

그림 6.7 상태도

그림 6.7의 상태도를 가지는 2진 순서에 대한 상태표는 다음과 같다.

【표 6.4】 상태표

현재상태	다음상태
Q_A Q_B	Q_A Q_B
0 1	1 0
1 0	1 1
1 1	0 1

표 6.4의 상태표를 이용하여 SR 플립플롭에 대한 여기표를 작성하면 다음과 같다.

【표 6.5】 여기표

현재상태	다음상태	SR 플립플롭	
Q_A Q_B	Q_A Q_B	S_A R_A	S_B R_B
0 1	1 0	1 0	0 1
1 0	1 1	X 0	1 0
1 1	0 1	0 1	X 0

카르나 맵을 이용하여 입력변수를 간략화하면 다음과 같다. 또한, 2진 순서에서 OO의 상태가 없으므로 이를 don't care ×로 기입한다.

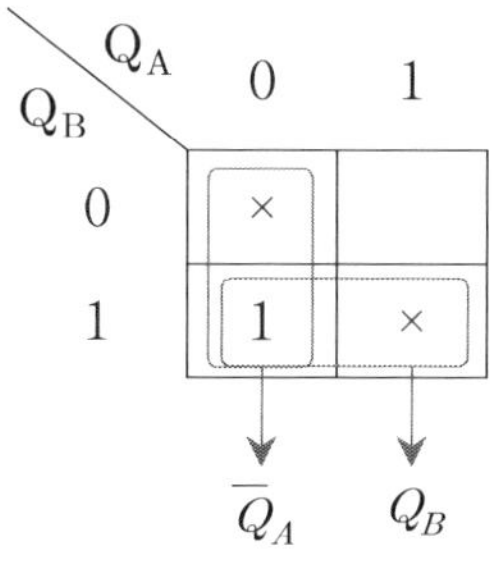

(a) $S_A = Q_B$ 또는 $\overline{Q}_A$

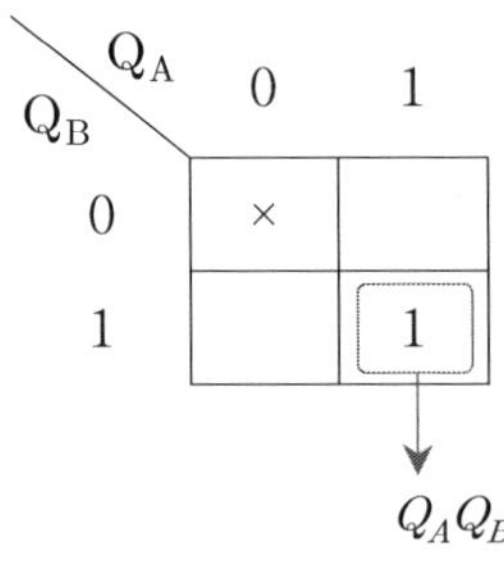

(b) $R_A = Q_A Q_B$

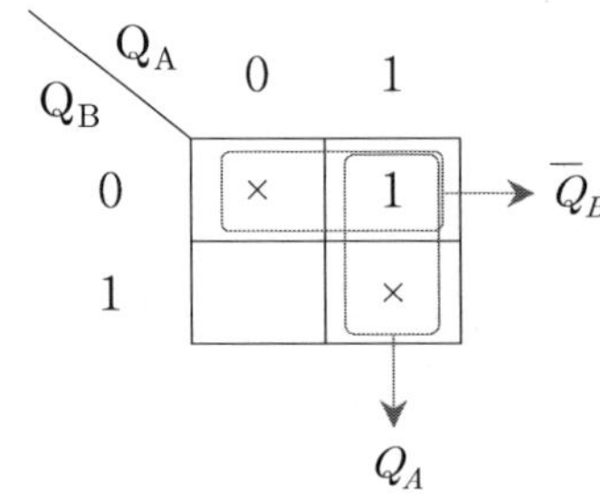

(c) $S_B = Q_A$ 또는 $\overline{Q}_B$

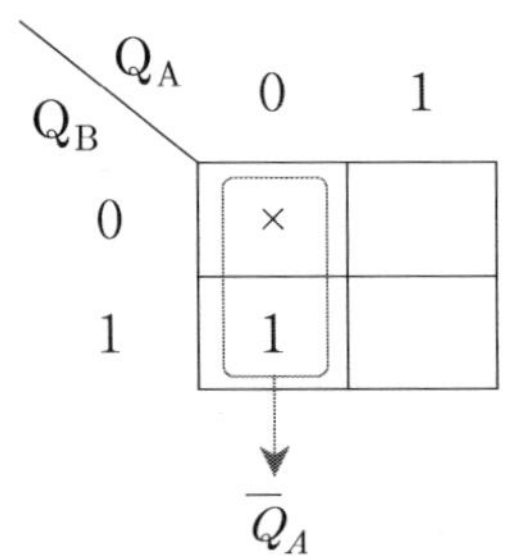

(d) $R_B = \overline{Q}_A$

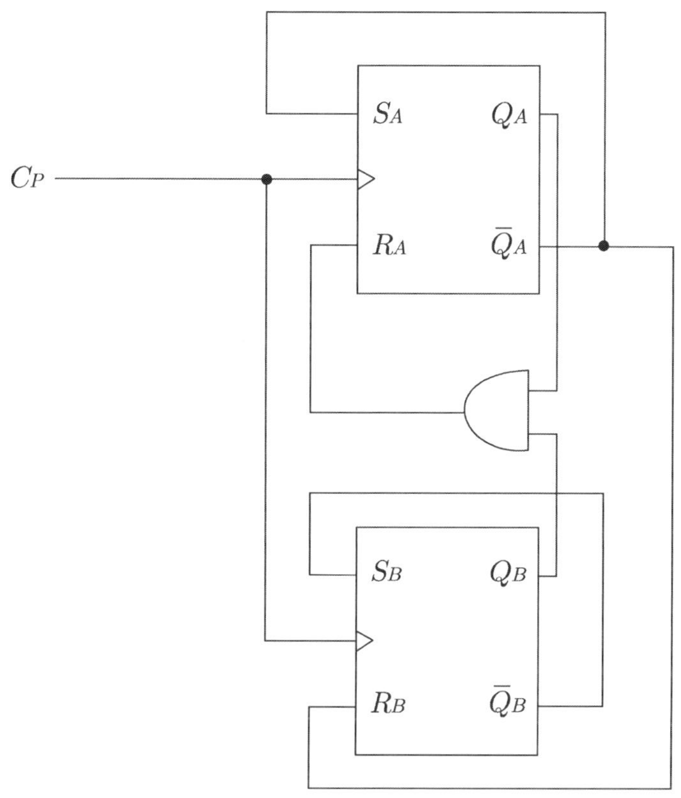

그림 6.8 완성된 순서 논리 회로(SR 플립플롭)

두 번째로, 표 6.4의 상태표를 이용하여 JK 플립플롭에 대한 여기표를 작성하면 다음과 같다.

【표 6.6】 여기표

현재상태	다음상태	JK 플립플롭			
Q_A Q_B	Q_A Q_B	J_A	K_A	J_B	K_B
0 1	1 0	1	×	×	1
1 0	1 1	×	0	1	×
1 1	0 1	×	1	×	0

카르나 맵을 이용하여 입력변수를 간략화하면 다음과 같다. 또한, 2진 순서에서 OO의 상태가 없으므로 이를 don't care ×로 기입한다.

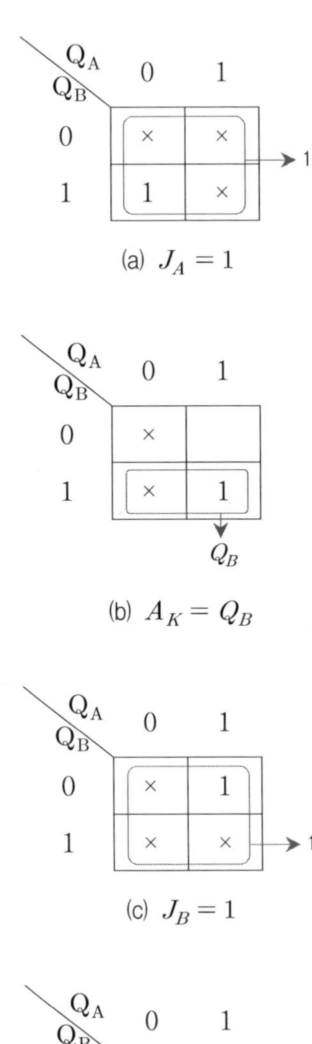

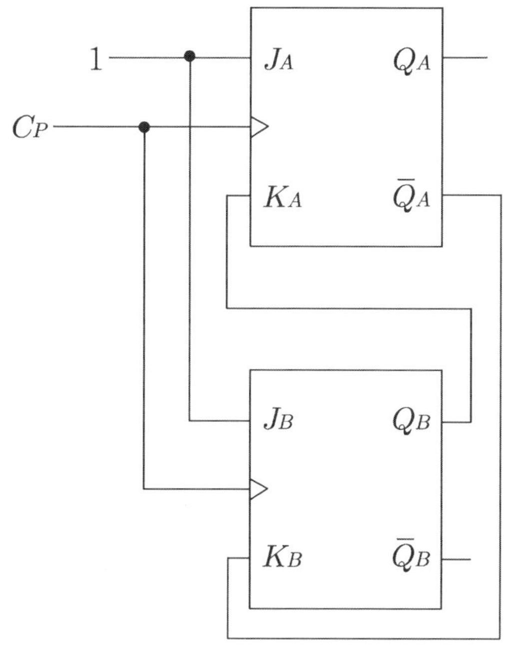

그림 6.9 완성된 순서 논리 회로(JK 플립플롭)

세 번째로, 표 6.4의 상태표를 이용하여 D 플립플롭에 대한 여기표를 작성하면 다음과 같다.

【표 6.7】 여기표

현재상태	다음상태	D 플립플롭	
Q_A Q_B	Q_A Q_B	D_A	D_B
0 1	1 0	1	0
1 0	1 1	1	1
1 1	0 1	0	1

카르나 맵을 이용하여 입력변수를 간략화하면 다음과 같다.

또한, 2진 순서에서 OO의 상태가 없으므로 이를 don't care ×로 기입한다.

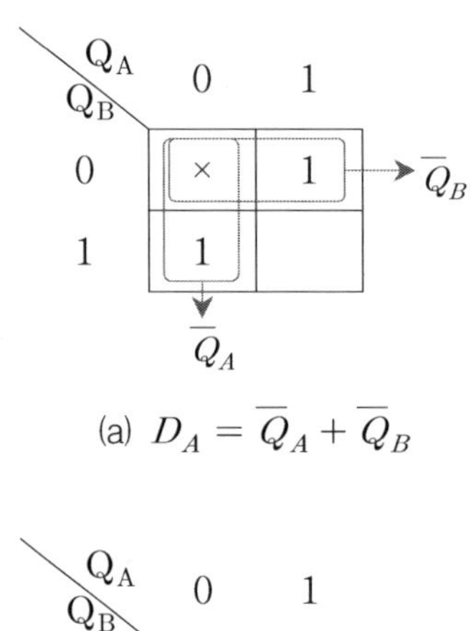

(a) $D_A = \overline{Q}_A + \overline{Q}_B$

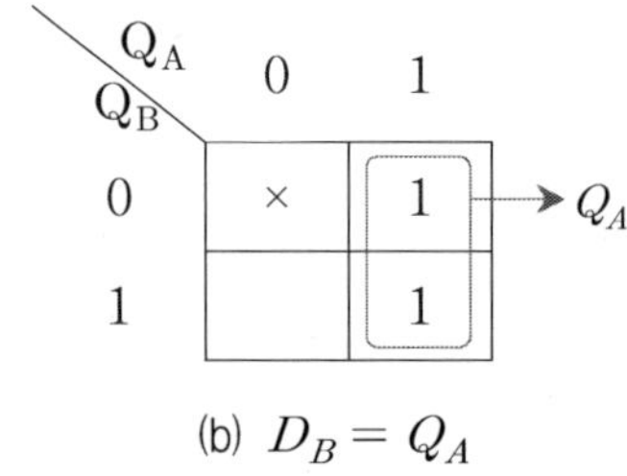

(b) $D_B = Q_A$

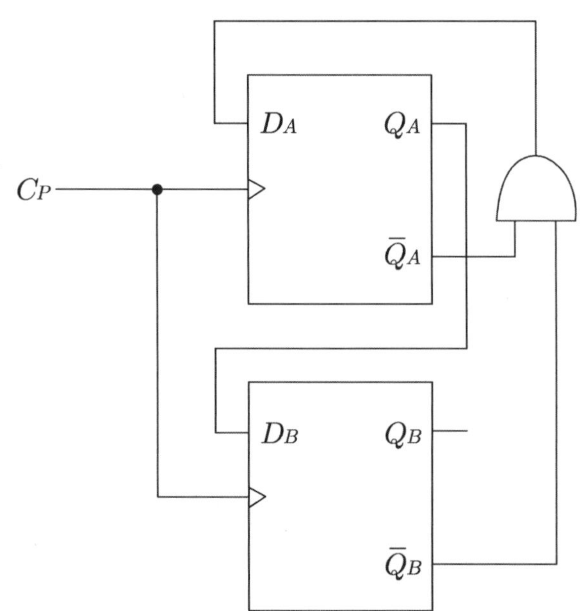

그림 6.10 완성된 순서 논리 회로(D 플립플롭)

마지막으로, 표 6.4의 상태표를 이용하여 T 플립플롭에 대한 여기표를 작성하면 다음과 같다.

【표 6.8】 여기표

현재상태	다음상태	T 플립플롭	
Q_A Q_B	Q_A Q_B	T_A	T_B
0 1	1 0	1	1
1 0	1 1	0	1
1 1	0 1	1	0

카르나 맵을 이용하여 입력변수를 간략화하면 다음과 같다.

또한, 2진 순서에서 OO의 상태가 없으므로 이를 don't care ×로 기입한다.

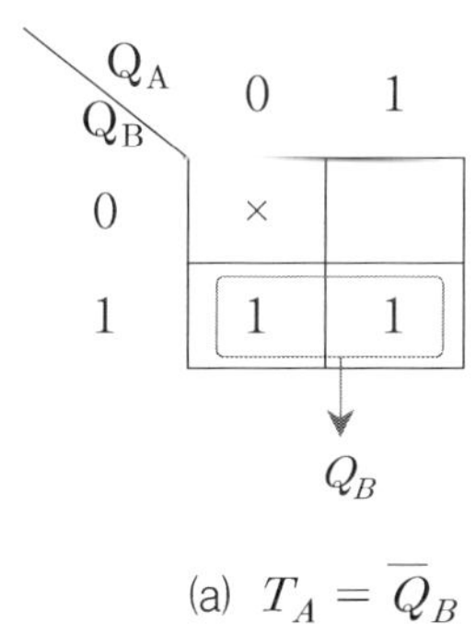

(a) $T_A = \overline{Q_B}$

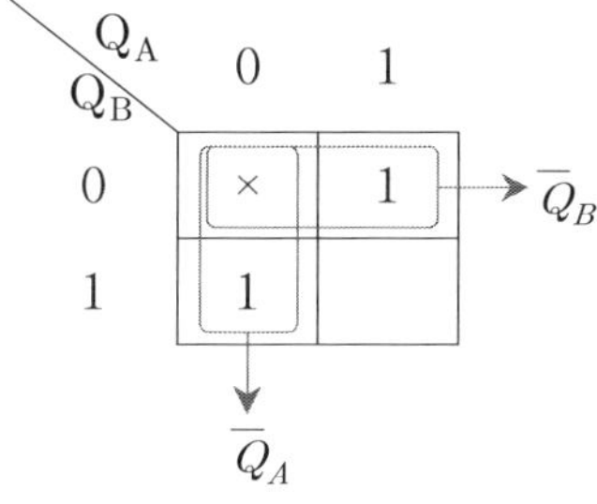

(b) $T_B = \overline{Q_A} + \overline{Q_B}$

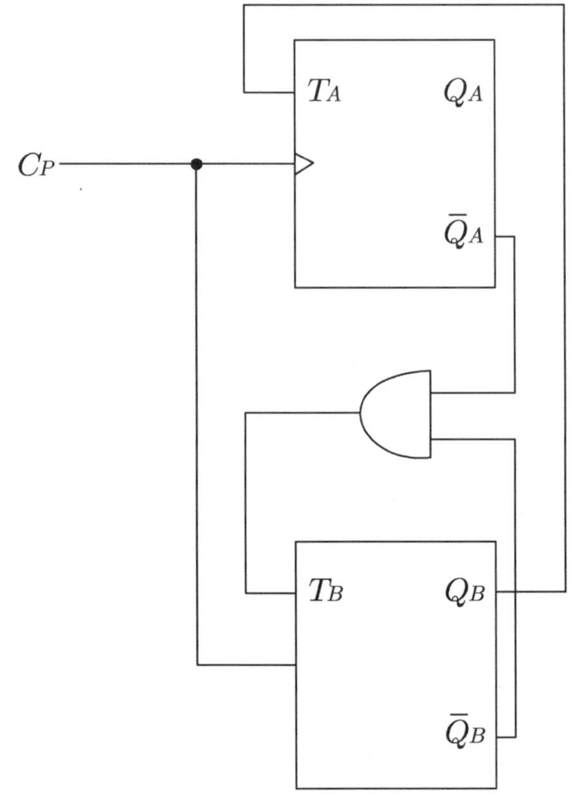

그림 6.11 완성된 순서 논리 회로(T 플립플롭)

6.3 카운터의 설계

카운터는 정해진 순서에 따라 입력신호가 들어올 때마다 상태가 바뀌는 순서 논리 회로를 말한다. 이러한 카운터는 디지털 시스템을 제어하기 위한 타이밍 신호나 순차적인 수를 카운트하여 주는 회로이다.

카운터는 인가되는 펄스의 동작에 따라 비동기식 카운터(Asynchronous counter)와 동기식 카운터(Synchronous counter)로 구분할 수 있다.

다시 말해서, 비동기식 계수기는 앞단의 플립플롭의 정상출력인 Q 또는 보수출력 $\overline{Q}$가 다음 단의 클럭 펄스로 인가되는 비동기 리플 카운터(Asynchronous ripple counter)이고, 다른 하나는 클럭 입력단자에 동시에 인가되며 모든 플립플롭이 한꺼번에 동작하는 동기식 카운터(Synchronous counter)이다.

6.3.1 기본 2진 카운터

0에서 7까지의 순서로 카운트하는 카운터 회로를 설계해 보자. 2진 카운터는 JK 플립플롭 또는 T 플립플롭을 사용하는 것이 효과적이므로 JK 플립플롭과 T 플립플롭을 이용하여 설계하기로 한다.

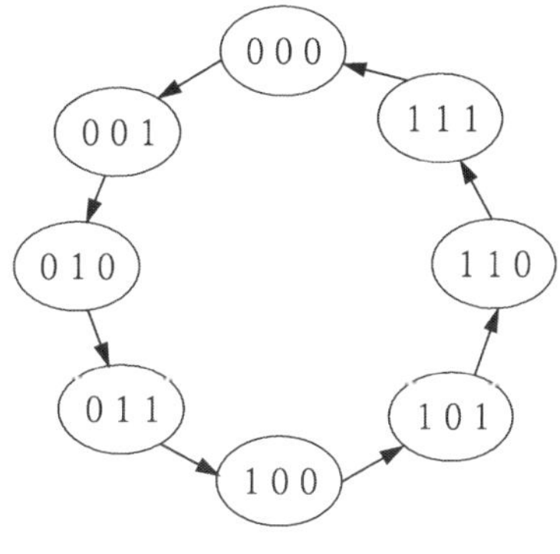

그림 6.12 상태도

그림 6.12의 상태도에 대한 상태표를 작성하면 표 6.9와 같다.

초기값을 000이라 할 때 클럭펄스가 인가되면 000에서 다음상태 001로 상태가 바뀌며, 다음 클럭펄스가 인가되기 전까지 상태를 유지하며, 현재상태이기도 한다.

【표 6.9】 상태표

현재상태	다음상태
Q_A Q_B Q_C	Q_A Q_B Q_C
0 0 0	0 0 1
0 0 1	0 1 0
0 1 0	0 1 1
0 1 1	1 0 0
1 0 0	1 0 1
1 0 1	1 1 0
1 1 0	1 1 1
1 1 1	0 0 0

상태도에서 알 수 있듯이 카운터의 다음상태는 현재상태에 의해 결정되며 상태변환은 클럭펄스가 인가될 때마다 일어난다. 각 상태는 8개이므로 필요로 하는 플립플롭의 개수는 3개이다.

표 6.9의 상태표를 이용하여 JK 플립플롭에 대한 여기표를 작성하면 다음과 같다.

【표 6.10】 여기표

현재상태	다음상태	JK 플립플롭		
Q_A Q_B Q_C	Q_A Q_B Q_C	J_A K_A	J_B K_B	J_C K_C
0 0 0	0 0 1	0 x	0 x	1 x
0 0 1	0 1 0	0 x	1 x	x 1
0 1 0	0 1 1	0 x	x 0	1 x
0 1 1	1 0 0	1 x	x 1	x 1
1 0 0	1 0 1	x 0	0 x	1 x
1 0 1	1 1 0	x 0	1 x	x 1
1 1 0	1 1 1	x 0	x 0	1 x
1 1 1	0 0 0	x 1	x 1	x 1

카르나 맵을 이용하여 J_A, K_A, J_B, K_B 그리고 J_C, K_C에 대한 입력변수를 간략화 시키면 다음과 같다.

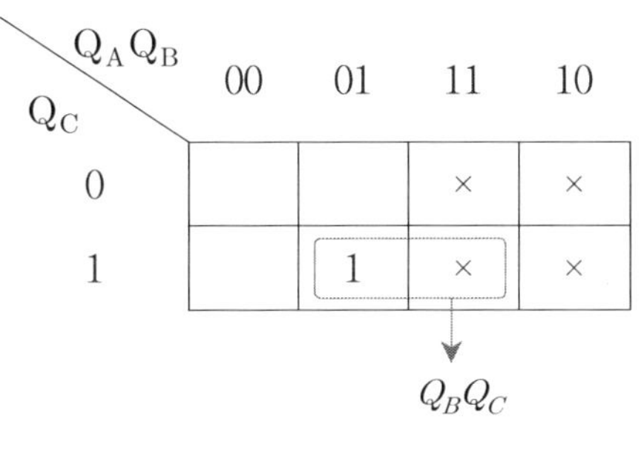

(a) $J_A = Q_BQ_C$

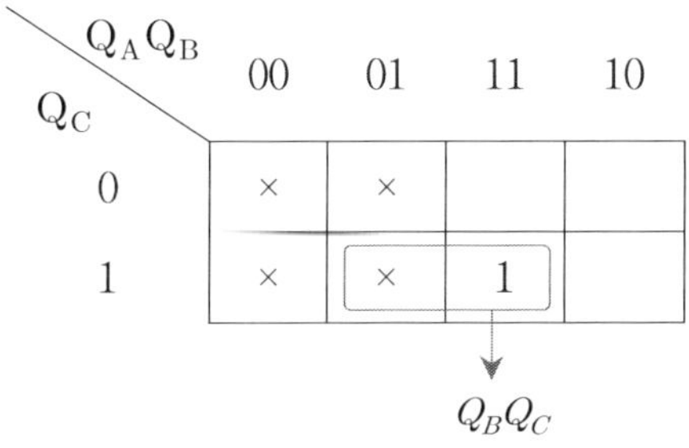

(b) $K_A = Q_BQ_C$

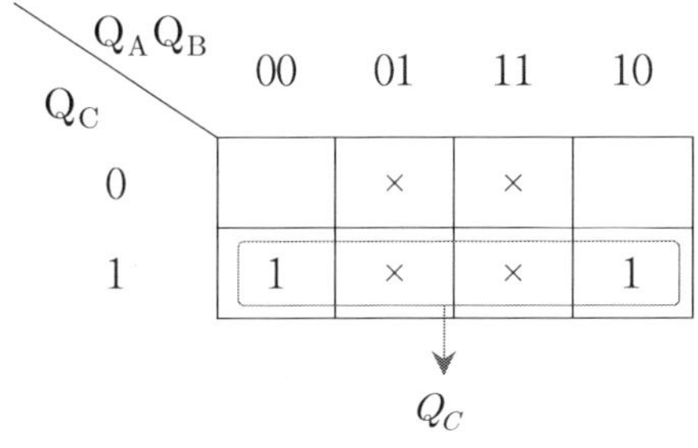

(c) $J_B = Q_C$

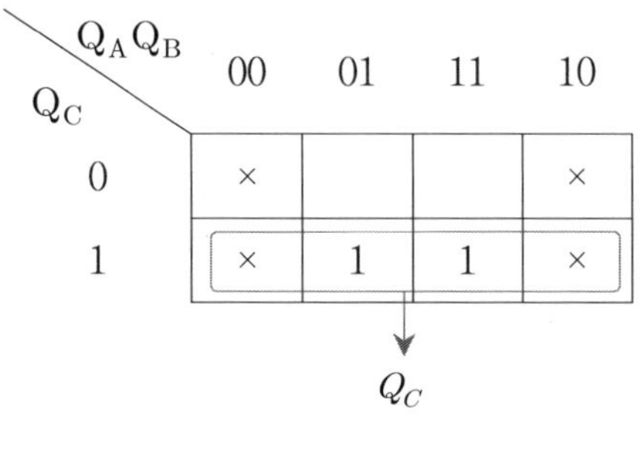

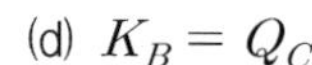

(d) $K_B = Q_C$

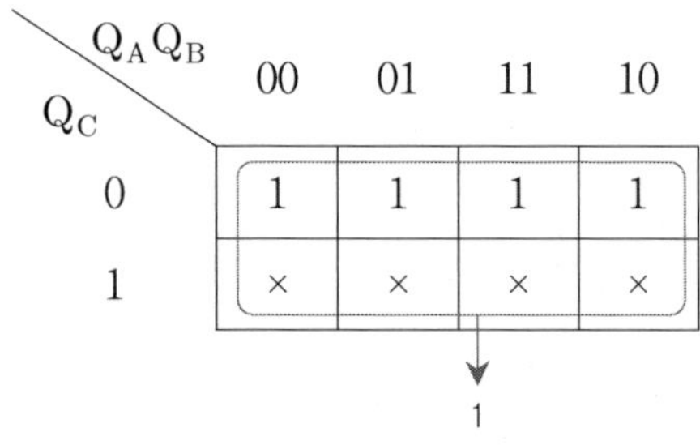

(e) $J_C = 1$

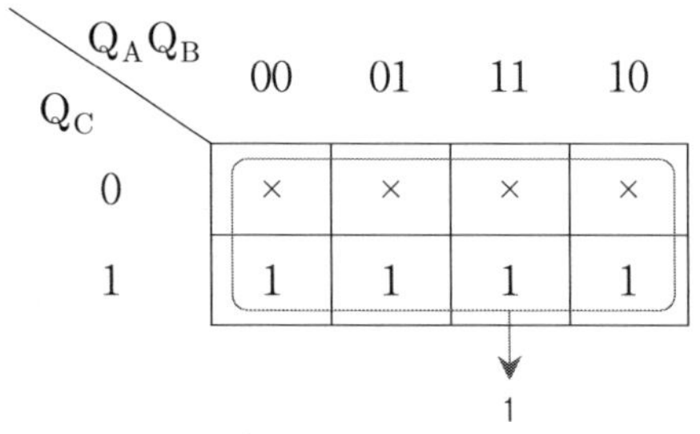

(f) $K_C = 1$

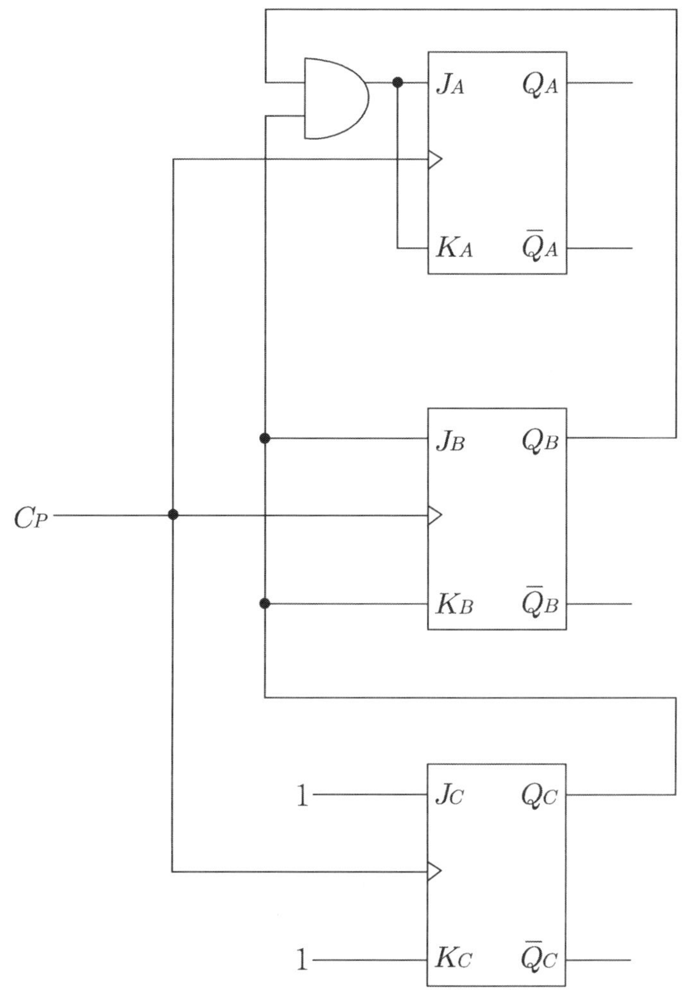

그림 6.13 JK 플립플롭을 이용한 0에서 7까지의 2진 카운터

두 번째로 T 플립플롭을 이용하여 0에서 7까지의 순서(3 bit)로 카운트하는 카운터 회로를 설계하는 경우에 대해 알아보기로 한다.

표 6.9의 상태표를 이용하여 T 플립플롭에 대한 여기표를 작성하면 다음과 같다.

【표 6.11】 여기표

현재상태	다음상태	T 플립플롭		
Q_A Q_B Q_C	Q_A Q_B Q_C	T_A	T_B	T_C
0 0 0	0 0 1	0	0	1
0 0 1	0 1 0	0	1	1
0 1 0	0 1 1	0	0	1
0 1 1	1 0 0	1	1	1
1 0 0	1 0 1	0	0	1
1 0 1	1 1 0	0	1	1
1 1 0	1 1 1	0	0	1
1 1 1	0 0 0	1	1	1

카르나 맵을 이용하여 T_A, T_B 그리고 T_C 에 대한 입력 변수를 간략화하면 다음과 같다.

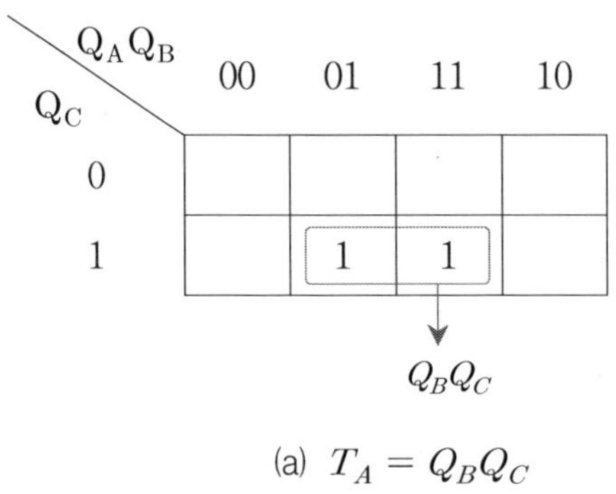

(a) $T_A = Q_BQ_C$

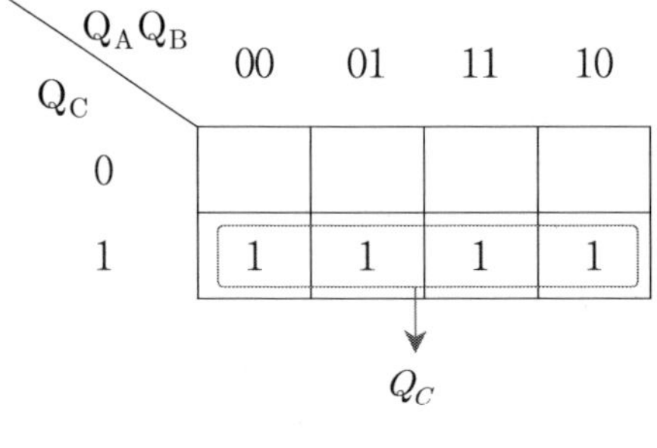

(b) $T_B = Q_C$

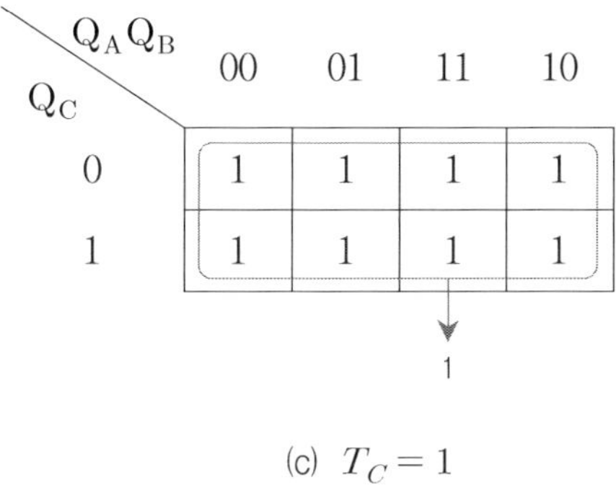

(c) $T_C = 1$

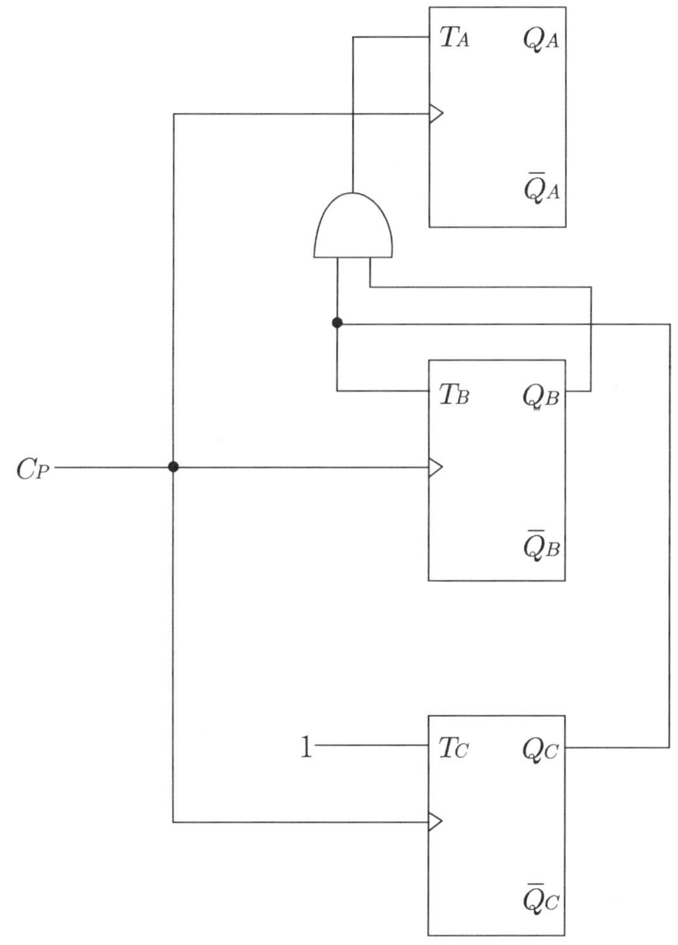

그림 6.14 T 플립플롭을 이용한 0에서 7까지의 2진 카운터

6.3.2 비동기식 카운터

(1) 비동기식 2진 카운터

앞 단의 플립플롭의 변화가 다음 단의 플립플롭의 클럭펄스로 인가되어 연속적으로 파급되어 가는 2진 카운터를 리플 카운터(ripple counter)라고도 한다.

그림 6.15에는 4개의 JK 플립플롭으로 구성된 2진 4자리, 즉 16진의 리플 카운터를 나타내었다. 각 플립플롭은 클럭펄스 CP에 인가되는 파형의 상승에지(Positive edge)에서 동작하는 것으로 한다.

또한, 각 JK 플립플롭의 입력 J와 K는 모두 1인 상태이므로(T 플립플롭을 사용해도 됨) 클럭펄스 CP에 인가되는 파형의 상승에지가 일어날 때 마다 출력은 반전되어 다음 단의 플립플롭의 클럭펄스로 인가된다.

여기서, R(Reset) 단자는 카운터가 동작하기 전에 모든 플립플롭을 Reset하기 위한 것이다.

이와 같이 클럭펄스가 직렬적으로 인가되기 때문에 비동기식 카운터를 직렬 카운터(Serial counter)라고도 한다.

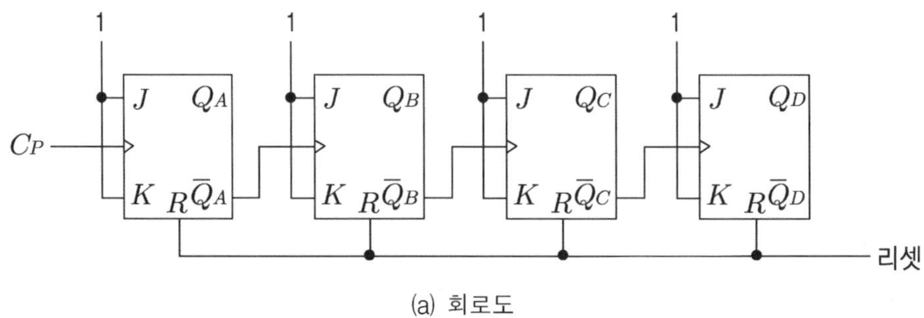

(a) 회로도

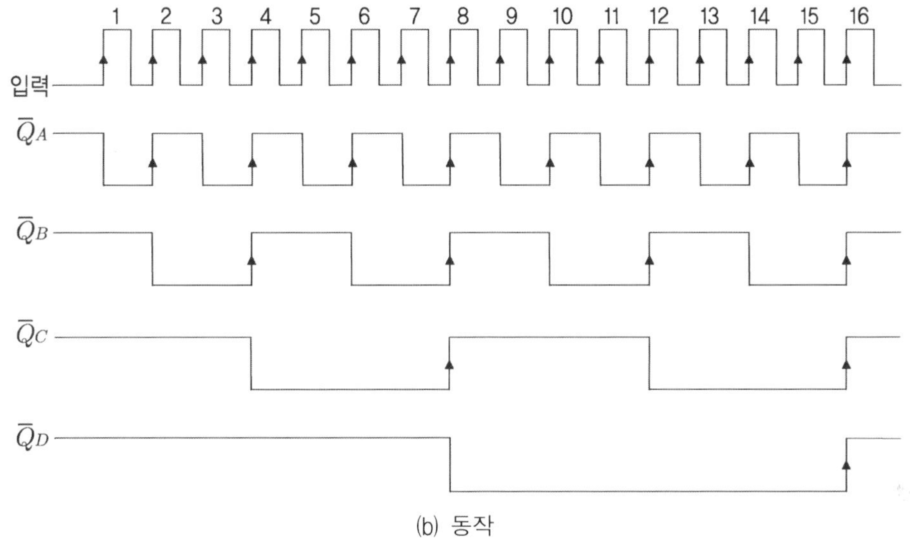

(b) 동작

그림 6.15 2진 카운터

그림 6.15의 카운터는 15개의 입력을 계수한 뒤 0000으로 복귀하는 16진 카운터이지만 15 이하의 임의 계수값 N에서 복귀하기 위해서는 N에 해당하는 2진 상태를 검출하여 모든 플립플롭을 리셋하면 된다.

예를 들면 12진 카운터이면 $Q_A = Q_B = 0$, $Q_C = Q_D = 1$이 된 시점에서 리셋하면 되고, 그러기 위해서는 $f = Q_C Q_D$를 모든 플립플롭의 리셋 입력 R에 인가하면 된다.

그러나 이 방법에서는 플립플롭의 동작 시간에 불균일이 있으면 불확실해지므로 그림 6.16에 나타내는 바와 같이 비동기의 SR 플립플롭을 개재시켜 여기에 리셋정보를 유지시키는 방법이 취해진다.

이와 같은 회로를 래치(latch)회로라 한다.

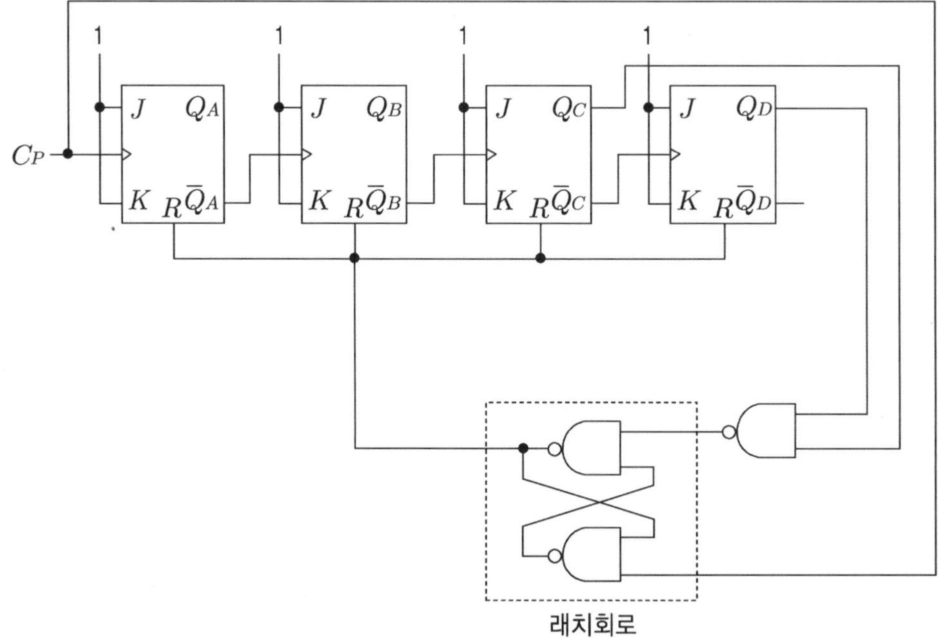

그림 6.16 2진 리플 카운터

6.3.3 동기식 카운터

동기식 카운터(synchronous counter)는 비동기식 카운터의 경우에 볼 수 있는 플립플롭을 통한 누적 지연을 회피할 수가 있다.

모든 플립플롭은 클럭 펄스의 제어하에 있으며 반복 주파수는 1개 플립플롭의 지연과 제어 게이트 지연의 합에 의해 결정된다. 일반 N진 동기식 카운터의 설계는 리플 카운터와 비교하면 복잡은 하지만 카르노 맵을 사용하는 것에 의해 간략화가 가능하다. 동기식 카운터에는 병렬 캐리(parallel carry) 방식과 리플 캐리(ripple carry) 방식이 있다.

10진의 병렬 캐리식 동기 카운터를 4개의 JK 플립플롭으로 구성하는 것을 생각해 본다. 그림 6.17에 10진 카운터의 상태도 및 천이표를 나타낸다. JK 플립플롭은 아래의 자리로부터 플립플롭 A, B, C 및 D로 한다.

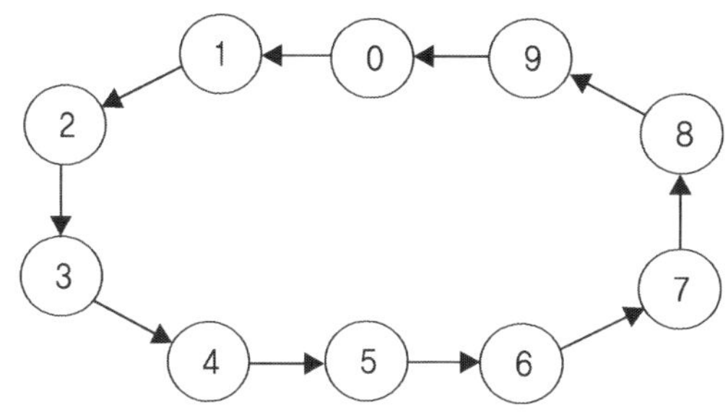

현재의 상태					다음의 상태				
상태	(MSB)			(LSB)	상태	(MSB)			(LSB)
	Q_D	Q_C	Q_B	Q_A		Q_D	Q_C	Q_B	Q_A
0	0	0	0	0	1	0	0	0	1
1	0	0	0	1	2	0	0	1	0
2	0	0	1	0	3	0	0	1	1
3	0	0	1	1	4	0	1	0	0
4	0	1	0	0	5	0	1	0	1
5	0	1	0	1	6	0	1	1	0
6	0	1	1	0	7	0	1	1	1
7	0	1	1	1	8	1	0	0	0
8	1	0	0	0	9	1	0	0	1
9	1	0	0	1	0	0	0	0	0

그림 6.17 10진 카운터의 상태도 및 상태표

이 상태표를 근거로 여기표를 참조하여 각 플립플롭의 제어 매트릭스를 만든다. 간략화를 쉽게 하기 위해서 제어 매트릭스를 카르노 맵의 형태로 표현하기로 한다. 즉, Q_A, Q_B, Q_C, Q_D의 4변수로 된 카르나 맵의 각 칸에 다음의 상태로 천이하는 데에 필요한 J 입력 및 K 입력의 값을 기입한다.

예를 들면 플립플롭 A의 제어 매트릭스에서 (Q_D, Q_C, Q_B, Q_A)가 (0, 0, 0, 0)에 대응하는 칸에는 다음의 상태가 (0, 0, 0, 1)인 점에서 플립플롭 A를 세트하는 입력, 즉 1ϕ를 기입한다. 이것은 $J=1$, $K=\phi$를 의미한다.

또한 10진 카운터이므로 (Q_D, Q_C, Q_B, Q_A)가 (1, 0, 1, 0) 이상의 칸에는 대

응하는 다음이 상태가 없으므로 모두 don't care ×를 기입한다. 이와 같이 하여 그림 6.17이 얻어진다.

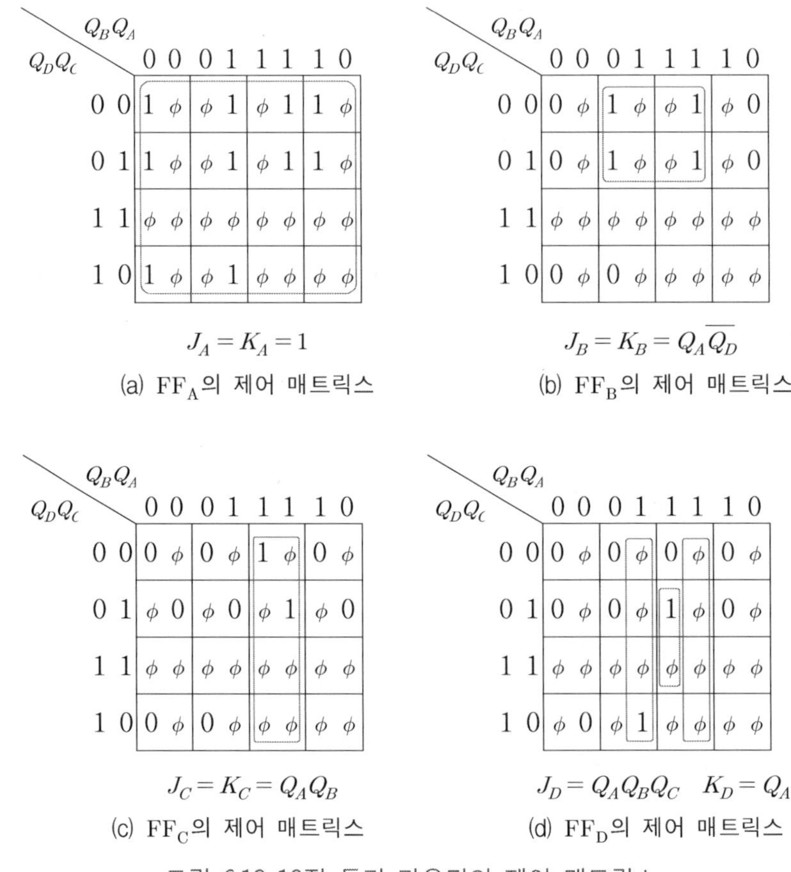

그림 6.18 10진 동기 카운터의 제어 매트릭스

이 제어 매트릭스에서 ϕ를 유효하게 이용하여 제어 입력 J, K의 논리 함수를 가능하면 간단한 형태로 만든다. 이 경우, J, K를 각각 독립적으로 구해도 좋지만 가능하다면 J의 함수와 K의 함수가 동일하게 되도록 선택하면 그만큼 게이트의 수를 감소시킬 수 있다.

이와 같이 하여 플립플롭 A, B 및 C의 J, K의 함수는 그림 6.18에 나타내듯이 셀을 정리하여 간략화하는 것에 의해

$$J_A = K_A = 1$$

$$J_B = K_B = Q_A \overline{Q_D}$$

$$J_C = K_C = Q_A \cdot Q_B$$

로 구해진다. 플립플롭 D에 관해서는 J_D, K_D 각각 별개로 간략화하여

$$J_D = Q_A Q_B Q_C$$

$$K_D = Q_A$$

를 얻는다. 이와 같이 하여 그림 6.19에 나타내는 10진 병렬 캐리식 동기 카운터가 구성된다.

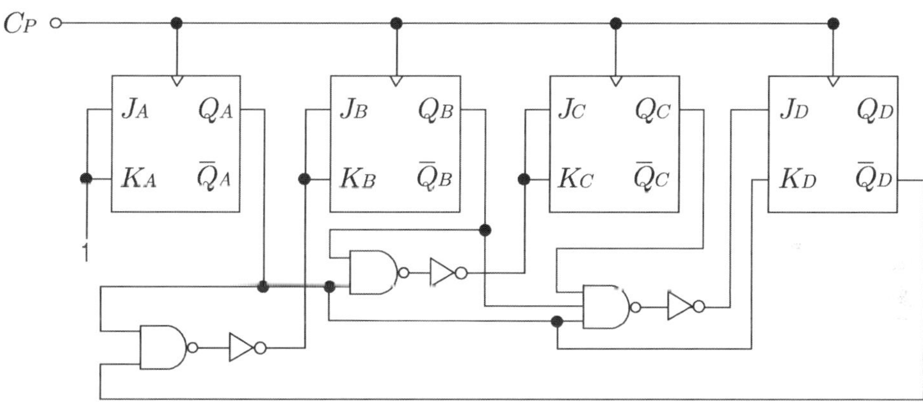

그림 6.19 10진 병렬 캐리식 동기 카운터

이 카운터에서는 모든 플립플롭은 동시에 상태를 바꿈으로 플립플롭 A, B, C의 상태 변화는 플립플롭 D의 입력측 NAND 게이트에 동시에 도착한다. 즉, 앞단의 플립플롭 상태 변화가 후단의 플립플롭에 병렬로 전달되게 되어 그 전달 속도는 플립플롭 1개, NAND 게이트 1개 및 인버터 1개의 지연 시간으로 결정된다.

예를 들면 각각의 지연 시간을 50[ns], 20[ns] 및 20[ns]로 하면 총지연 시간 90[ns]가 되어 약 11[㎒]의 주파수까지 동작하게 된다. 그러나 그림에서 볼 수 있듯이 후단의 NAND 게이트만큼 팬인(fan-in)이 커지게 되어 앞단의 플립플롭만큼 팬아웃이 커지게 된다. 이 한도를 넘으면 팬아웃을 증가시키므로 플립

플롭의 출력에 라인 드라이버를 추가시키지 않으면 안되고, 또한 팬인을 증가시키기 위해 게이트를 추가하지 않으면 안된다.

이 문제를 해결하는 방법으로서 앞단의 NAND 게이트 출력을 다음 단의 NAND 게이트에서 이용하는 것을 생각할 수 있다. 이와 같은 구성을 취하면 캐리가 아랫 자리에서 윗 자리로 파급 되며, 따라서 이것을 리플 캐리(ripple carry) 카운터라 한다. 이 형식의 10진 카운터를 그림 6.20에 나타낸다.

이 경우 플립플롭 A의 변화는 NAND 2개, 인버터 2개를 통해서 플립플롭 D에 전달되므로 각각 1개당의 지연 시간을 앞과 마찬가지로 50[ns] 및 20[ns]로 하면 총계 140[ns]가 걸리며 최종 반복 주파수는 약 7[MHz]가 된다. 리플 캐리 카운터의 최종 반복 주파수는 자리수가 커질수록 내려가지만 팬인, 팬아웃의 문제는 생기지 않는다.

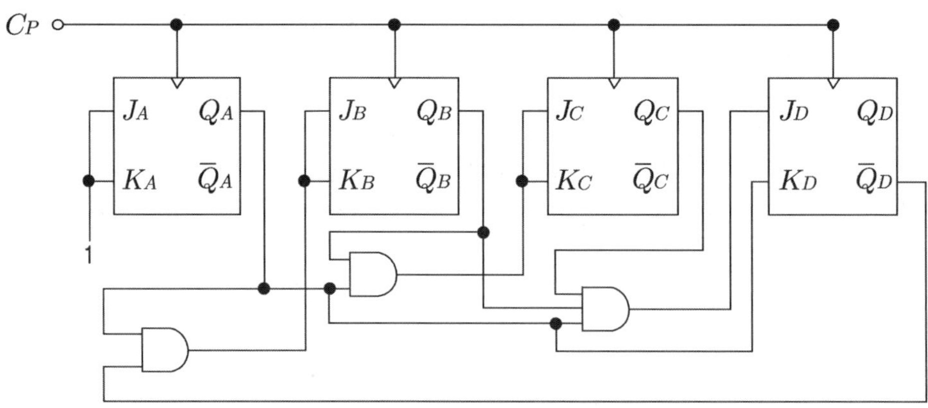

그림 6.20 10진 리플 캐리식 동기 카운터

6.3.4 업 다운 카운터

어떤 경우에는 카운트 업뿐만 아니라 카운터 다운이 가능한 카운터가 요구되는 경우가 있다. 그림 6.21에 4단의 2진 업 다운 카운터의 제어 매트릭스를 나타낸다. 각 매트릭스는 Q_A, Q_B, Q_C, Q_D 이외에 X인 변수를 가지고 있다. $X=1$인 경우 카운터는 통상의 업 카운터로서 동작하고, $X=0$인 경우 카운터는 입력의 도래마다 카운트 다운한다. 즉, (Q_D, Q_C, Q_B, Q_A)는 예를 들면 (0, 0, 0, 0)에서 출발하여 (1, 1, 1, 1), (1, 1, 1, 0), (1, 1, 0, 1), …, (0, 0, 0, 1), (0, 0, 0, 0)으로 변화한다.

Q_DQ_C \ Q_BQ_A	0 0	0 1	1 1	1 0
0 0	0	1	3	2
0 1	4	5	7	6
1 1	12	13	15	14
1 0	8	9	11	10

$X=1$

Q_DQ_C \ Q_BQ_A	0 0	0 1	1 1	1 0
0 0	0	1	3	2
0 1	4	5	7	6
1 1	12	13	15	14
1 0	8	9	11	10

$X=1$

(a) 기본 메트릭스

Q_DQ_C \ Q_BQ_A	0 0	0 1	1 1	1 0
0 0	1 x	x 1	x 1	1 x
0 1	1 x	x 1	x 1	1 x
1 1	1 x	x 1	x 1	1 x
1 0	1 x	x 1	x 1	1 x

$X=1$

Q_DQ_C \ Q_BQ_A	0 0	0 1	1 1	1 0
0 0	1 x	x 1	x 1	1 x
0 1	1 x	x 1	x 1	1 x
1 1	1 x	x 1	x 1	1 x
1 0	1 x	x 1	x 1	1 x

$X=1$

(b) 플립플롭 A의 제어 매트릭스

Q_DQ_C \ Q_BQ_A	0 0	0 1	1 1	1 0
0 0	0 x	1 x	x 1	x 0
0 1	0 x	1 x	x 1	x 0
1 1	0 x	1 x	x 1	x 0
1 0	0 x	1 x	x 1	x 0

$X=1$

Q_DQ_C \ Q_BQ_A	0 0	0 1	1 1	1 0
0 0	1 x	0 x	x 0	x 1
0 1	1 x	0 x	x 0	x 1
1 1	1 x	0 x	x 0	x 1
1 0	1 x	0 x	x 0	x 1

$X=1$

$$J_B = K_B = XQ_4 + \overline{X}\overline{Q}_A$$

(c) 플립플롭 B의 제어 매트릭스

X=1

Q_DQ_C \ Q_BQ_A	00	01	11	10
00	0 x	0 x	1 x	0 x
01	x 0	x 1	x 1	x 0
11	x 0	x 0	x 1	x 0
10	0 x	0 x	1 x	0 x

X=1

Q_DQ_C \ Q_BQ_A	00	01	11	10
00	1 x	0 x	0 x	0 x
01	x 1	x 0	x 0	x 0
11	x 1	x 0	x 0	x 0
10	1 x	0 x	0 x	0 x

$$J_C = K_C = XQ_AQ_B + \overline{X}\,\overline{Q_A}\,\overline{Q_B}$$

(d) 플립플롭 C의 제어 매트릭스

X=1

Q_DQ_C \ Q_BQ_A	00	01	11	10
00	0 x	0 x	0 x	0 x
01	0 x	0 x	1 x	0 x
11	x 0	x 0	x 1	x 0
10	x 0	x 0	x 0	x 0

X=1

Q_DQ_C \ Q_BQ_A	00	01	11	10
00	1 x	0 x	0 x	0 x
01	0 x	0 x	0 x	0 x
11	x 0	x 0	x 0	x 0
10	x 1	x 0	x 0	x 0

$$J_D = K_D = XQ_AQ_BQ_C + \overline{X}\,\overline{Q_A}\,\overline{Q_B}\,\overline{Q_C}$$

(e) 플립플롭 D의 제어 매트릭스

그림 6.21 4단 업 다운 카운터의 제어 매트릭스

그림 6.21의 제어 매트릭스에서 병렬 캐리식 및 리플 캐리식 동기 카운터를 구성하면 그림 6.22 (a) 및 (b)와 같이 된다.

2^N에 해당하지 않는 사이클을 가지는 업 다운 카운터는 앞에서 설명한 것과 마찬가지로 적당한 귀환로를 설치하여 실현할 수 있다.

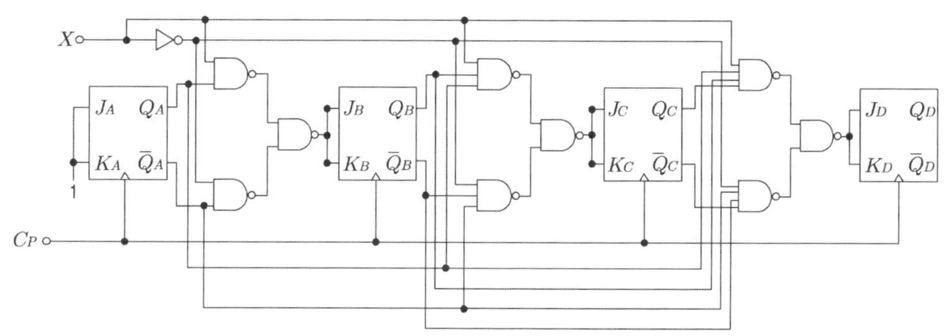

(a) 16진 병렬 캐리식 동기형 업 다운 카운터

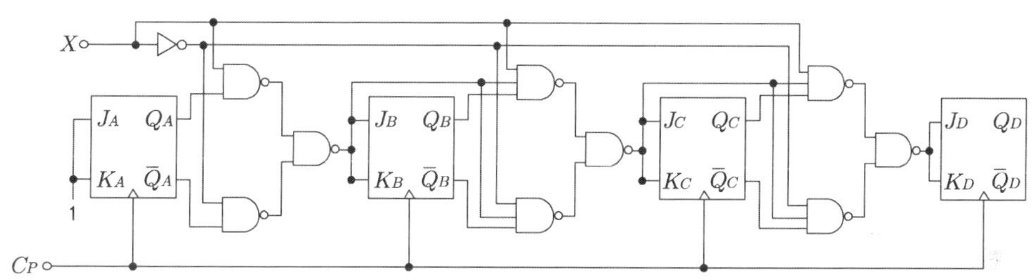

(b) 16진 캐리식 동기형 업 다운 카운터

그림 6.22 업 다운 카운터

6.4 시프트 레지스터 및 응용 회로

6.4.1 시프트 레지스터

디지털 신호를 유지하고 필요할 때 그대로 출력으로 인출할 수 있는 플립플롭의 집합을 레지스터(register)라 하며 SR(또는 JK) 플립플롭과 게이트 회로로 구성할 수 있다.

여러 개의 플립플롭을 연결하고, 그 내용이 이웃 자리로 차례로 이동할 수 있도록 한 것을 시프트 레지스터(shift register)라 부른다.

시프트 레지스터로의 데이터 써넣기 및 읽어내기의 형식은 다음의 4가지로 나누어진다.

① 직렬 써넣기, 직렬 읽어내기

② 직렬 써넣기, 병렬 읽어내기

③ 병렬 써넣기, 직렬 읽어내기

④ 병렬 써넣기, 병렬 읽어내기

①은 지연용이고, ②는 직병렬 변환, ③은 병직렬 변환, ④는 레지스터의 기능에 자리 이동을 추가할 목적으로 사용된다.

그림 6.23은 ①~④의 모든 기능을 가지는 4비트의 시프트 레지스터이다. 그리고 모드 제어 입력 MC에 의해서 좌/우 시프트를 행할 수 있다.

그림 8.32는 좌우 시프트를 행할 경우의 결선 방법을 나타내고 있으며 $MC=0$일 때 우시프트, $MC=1$일 때 좌시프트가 행해진다. 또한 병렬 써넣기는 그림 6.23에 있어서 $MC=1$일 때 행해진다.

시프트 레지스터의 플립플롭 출력을 첫 번째 플립플롭으로 피드백하는 것에 의해 여러 가지의 회로가 구성된다. 이들은 피드백 시프트 레지스터라 총칭되지만 그 주된 것으로서는 링 카운터, 존슨 카운터, m계열 발생기, 워드 제너레이터 등이 있다.

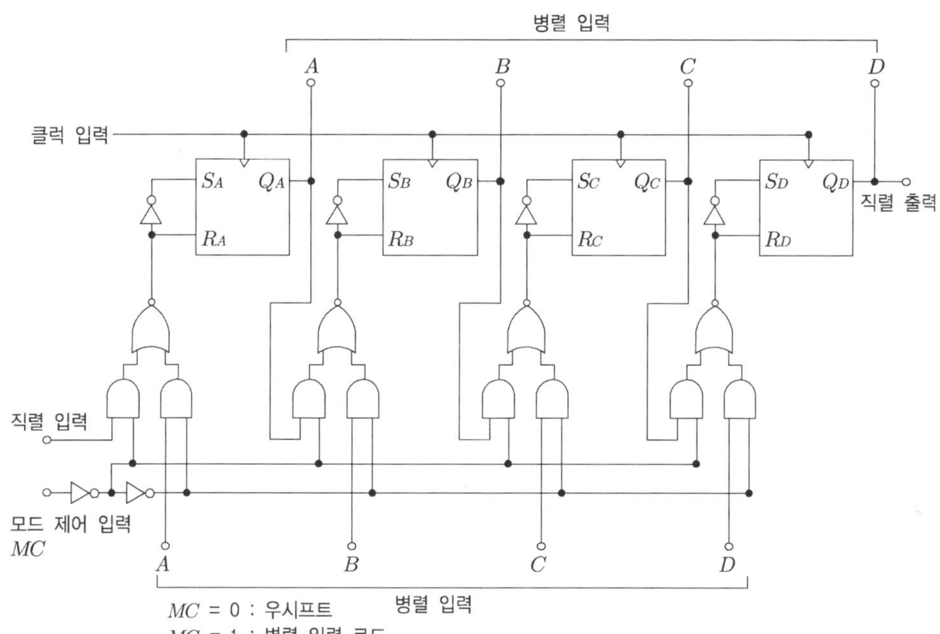

그림 6.23 4비트 시프트 레지스터

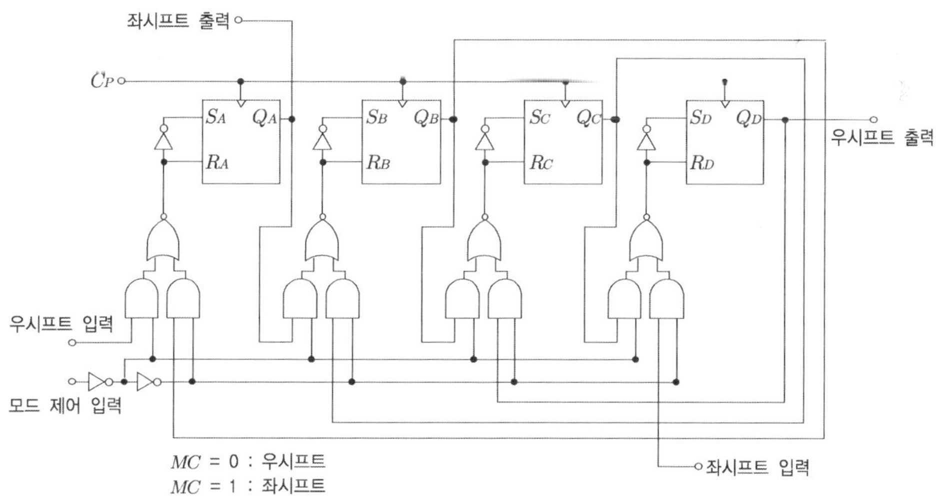

그림 6.24 좌우 시프트 가능한 4비트 시프트 레지스터

6.4.2 링 카운터

링 카운터는 n단의 시프트 레지스터를 이용하여 1개의 1 또는 0을 순회시

키는 것에 의해 n개의 상태를 가지게 한 것으로 부가적인 논리 회로를 필요로 하지 않는 이점은 있으나 n개에 플립플롭이 발생할 수 있는 2^n개의 상태 중 n개의 상태밖에 사용할 수 없어 비능률적이다.

그림 6.25는 4비트의 링 카운터이며 1을 순회시키는 것이다. 전원을 투입한 후 이니셜 펄스를 가하여 제1단의 플립플롭 플립플롭 A를 1로 풀 리셋하고 다른 단을 모두 0으로 한다. 전원에 장해가 생기거나 잡음이 들어간 경우에는 그림 (b)에 나타내는 부적절한 상태 계열이 생길 수가 있으므로 이니셜 펄스를 가하여 풀 리셋할 필요가 있다.

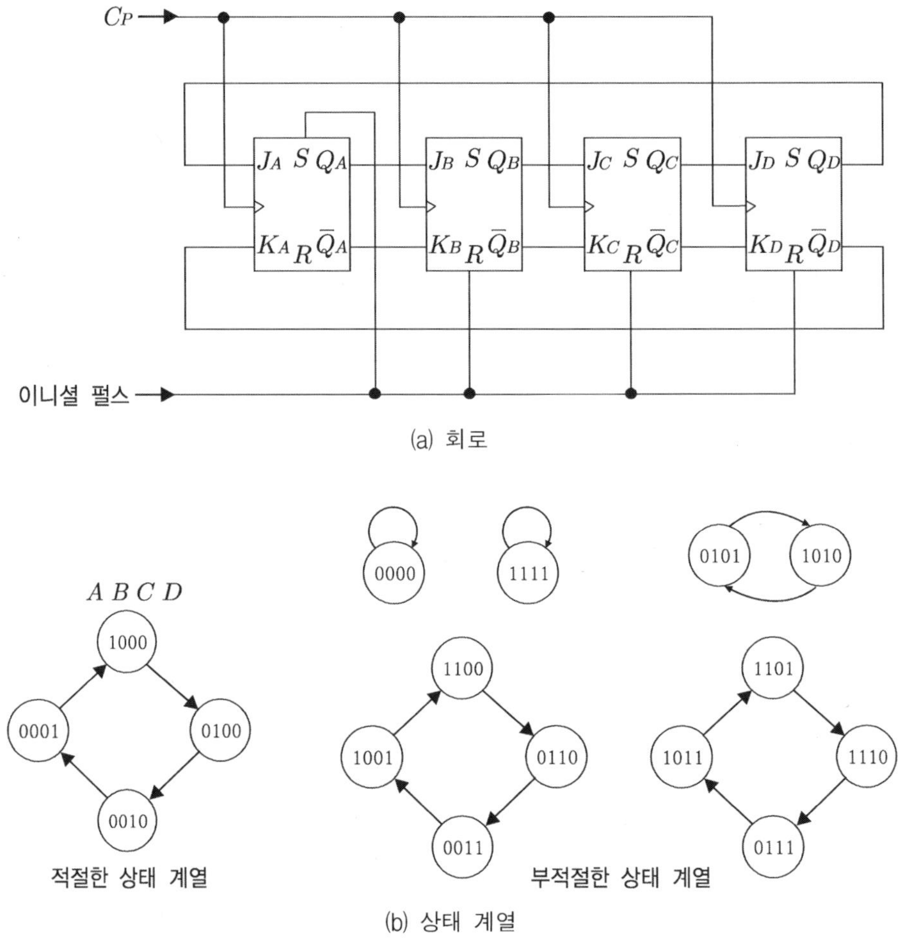

(a) 회로

(b) 상태 계열

그림 6.25 4비트 링 카운터

그러나 그림 6.26과 같은 회로구성을 이용하면 이니셜 펄스를 사용하지 않고 기껏해야 4클럭 펄스 기간 내에 적절한 상태로 되돌릴 수가 있다. 즉, 피드백 논리 회로를 A, B 및 C단의 내용이 모두 0일 때에만 초단에 1을 인가할 수 있게 되어 있으므로 그림에 나타내듯이 12개로 된 부적절한 상태의 어느 것에서 출발해도 적절한 상태 계열로 들어간다는 것을 알 수 있다.

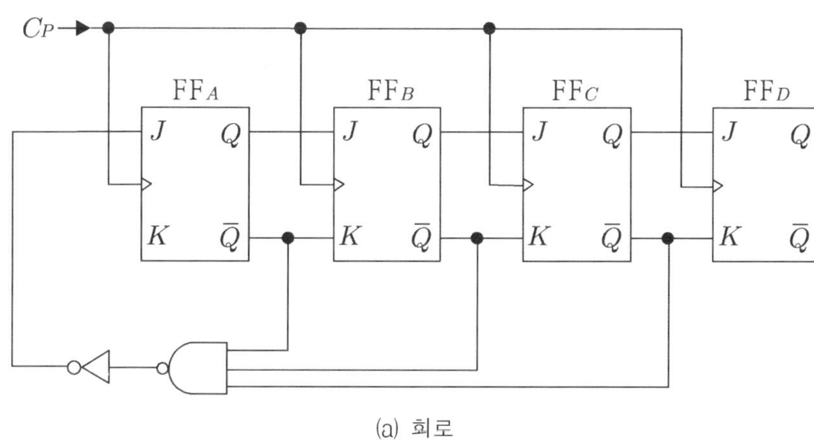

(a) 회로

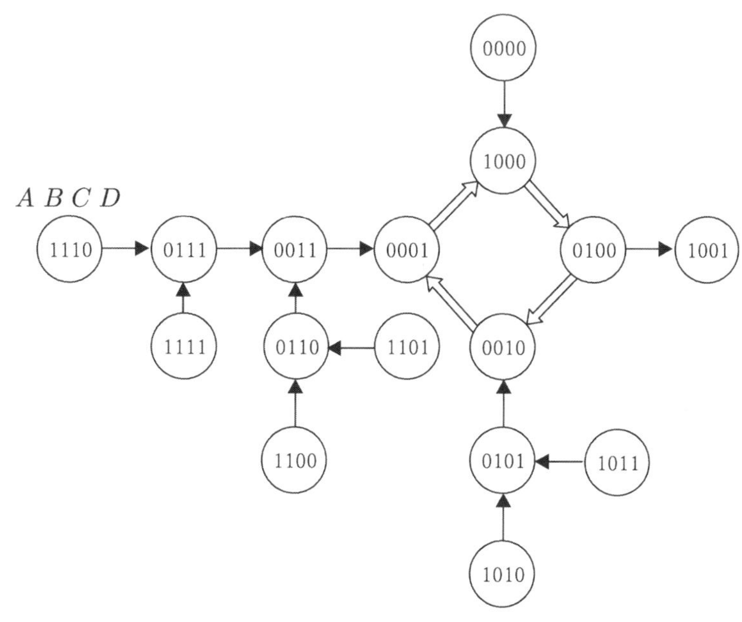

(b) 상태 계열

그림 6.26 자기 보정형 4비트 링 카운터

6.4.3 존슨 카운터

존슨 카운터는 트위스티드 링 카운터(twisted-ring counter) 또는 뫼비우스(Möbius) 카운터라고도 불리우며 링 카운터와 다른 점은 최종단의 보원이 초단에 피드백되고 있는 점이다.

그 결과 n단의 시프트 레지스터를 사용하면 2^n개의 상태를 사용할 수 있으나 출력을 인출할 때 디코더를 필요로 한다.

그림 6.27에 4단의 존슨 카운터를 나타낸다. 이 경우, 각 상태의 디코드는 2입력 NOR에 의해서 간단히 실현할 수가 있다.

또한 인접 상태를 나타내는 부호간의 해밍 거리가 1(즉, 1비트만 다르다)인 것도 유리한 점이다.

클럭 번호	플립플롭 A	플립플롭 B	플립플롭 C	플립플롭 D	디코드용 논리 함수
0	0	0	0	0	$\overline{Q_A}\,\overline{Q_D}$
1	1	0	0	0	$\overline{Q_A}\,\overline{Q_B}$
2	1	1	0	0	$\overline{Q_B}\,\overline{Q_C}$
3	1	1	1	0	$\overline{Q_C}\,\overline{Q_D}$
4	1	1	1	1	$\overline{Q_A}\,\overline{Q_D}$
5	0	1	1	1	$\overline{Q_A}\,\overline{Q_B}$
6	0	0	1	1	$\overline{Q_B}\,\overline{Q_D}$
7	0	0	0	1	$\overline{Q_C}\,\overline{Q_D}$

(a) 진리치표

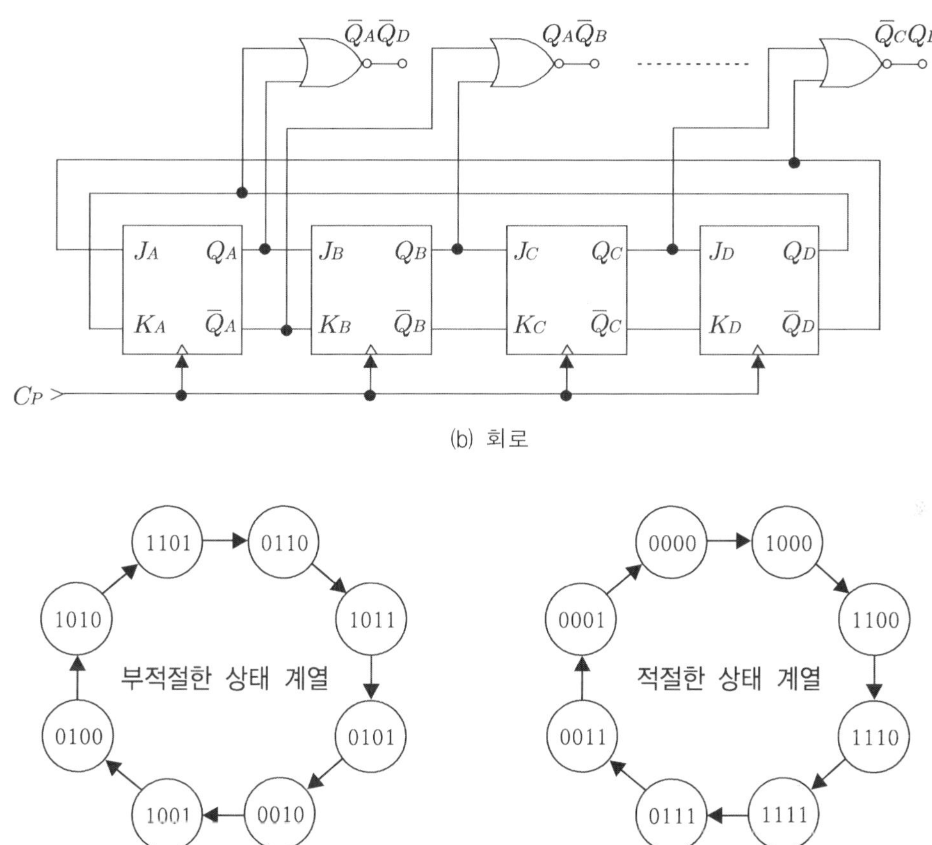

(b) 회로

(c) 상태 계열

그림 6.27 4단 존슨 카운터

존슨 카운터는 전원 투입시에 모든 플립플롭을 클리어하면 적절한 상태 계열을 발생하지만 잡음에 의해 그림 (c)에 나타내는 부적절한 상태 계열을 발생시킬 경우가 있다.

그러나 초단의 J입력으로의 피드백에 적당한 논리 회로를 사용하는 것에 의해 링 카운터의 경우와 마찬가지로 자기 보정(또는 자동 스타트)시킬 수가 있다.

예를 들면 4단인 경우, 그림 6.28 (a)에 나타내는 피드백을 행하는 것에 의해 그림 (b)와 같이 부적절한 상태 계열에서 점선으로 나타내는 경로를 거쳐서 반드시 빠져나갈 수 있게 된다.

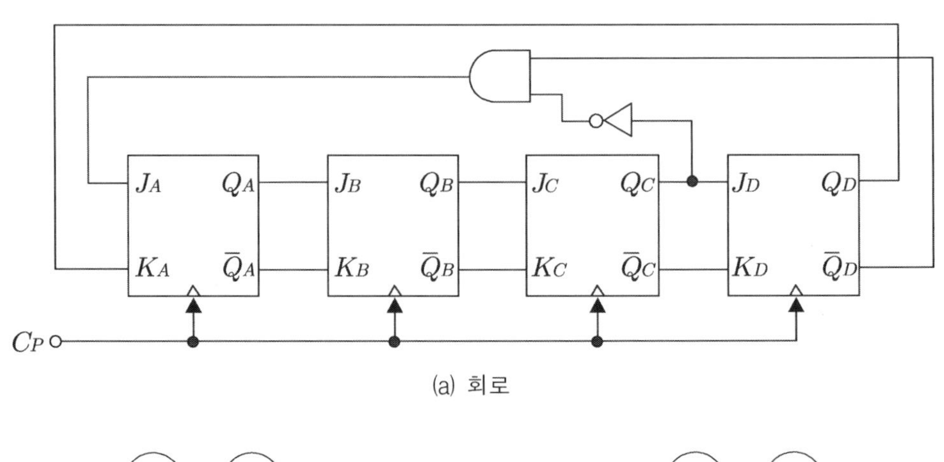

(a) 회로

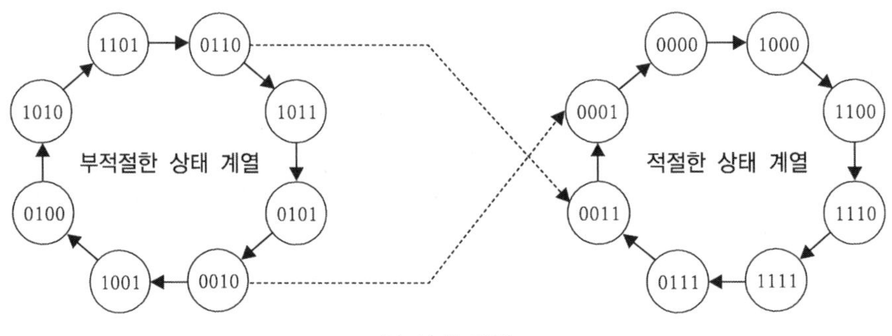

(b) 상태 계열

그림 6.28 자기 보정형 4비트 존스 카운터

디지털 논리 회로

지 은 이	박민식
펴 낸 이	김형근
펴 낸 곳	도서출판 기한재
주 소	경기도 파주시 회동길 56 (파주출판도시)
전 화	031)955-0900~2
팩 스	031)955-0100
등 록	1990년 3월 15일 제2-968호
발 행	2022년 3월 10일 1판 5쇄
정 가	12,000원

무단 복제 및 무단 전재를 금합니다.

Published by Kihanjae Co.
ISBN 978-89-7018-696-2
http://www.kihanjae.com
E-mail : kihanjae@hanmail.net